养种规模发展
反馈仿真应用研究

——以江西德邦养种生态能源区域为例

刘静华　李　丹◎著

本书得到南昌大学 2016 社会科学学术著作出版基金资助

科学出版社

北　京

内 容 简 介

本书研究的是刘静华团队近 11 年来针对系统动力学在江西九江德邦养种生态能源区域应用的规模养殖污染治理和分析解决户用沼气池失效的两个前沿问题，聚焦从事系统动力学创新研究的最新成果。本书主要介绍鄱阳湖德邦规模养殖生态能源区三步顶点赋权图分析法、户用沼气池失效的故障树、养户技合四结合模式系统动力学仿真模型及仿真分析。

本书既可作为系统动力学相关专业研究生和本科生的参考书，也可作为从事管理科学、系统动力学领域研究的科研工作者的参考书。

图书在版编目（CIP）数据

养种规模发展反馈仿真应用研究：以江西德邦养种生态能源区域为例/刘静华，李丹著. —北京：科学出版社，2016.12
ISBN 978-7-03-050953-6

Ⅰ. ①养… Ⅱ. ①刘… ②李… Ⅲ. ①生态农业-能源-研究-江西 Ⅳ. ①S21

中国版本图书馆 CIP 数据核字（2016）第 292365 号

责任编辑：马 跃 / 责任校对：张怡君
责任印制：张 伟 / 封面设计：无极书装

科 学 出 版 社 出版
北京东黄城根北街 16 号
邮政编码：100717
http://www.sciencep.com

北京凌奇印刷有限责任公司 印刷
科学出版社发行 各地新华书店经销
*
2016 年 12 月第 一 版 开本：720×1000 1/16
2016 年 12 月第一次印刷 印张：11
字数：220 000
POD 定价： 62.00 元
（如有印装质量问题，我社负责调换）

前　　言

系统动力学是将系统科学理论和计算机仿真紧密结合，研究系统反馈结构和行为的一门科学。系统动力学是系统科学和管理科学的一个重要分支，它是最早和最有代表性的系统工程方法，从美国麻省理工学院福瑞斯特（Jay W. Forrester）教授1956年创建以来不断得到创新发展。

刘静华团队近11年来，一直从事管理科学与系统动力学的研究和教学，在生态农业系统工程基地建设中，"顶天立地"进行系统动力学的综合集成创新研究，发表了系列成果。

本书的内容是刘静华及其研究生在《系统工程理论与实践》上发表的2篇学术论文成果及其主持完成的1个国家自然科学基金、1篇博士论文和3篇硕士论文。基于"顶天立地"的研究方法获得研究成果，基于系统工程研究所在已建成的德安县高塘乡生态能源系统工程科研教学基地，针对问题提出，研究—建立新概念与新方法—实践的"顶天立地"的研究程序。

本书主要执笔人为刘静华副教授。刘静华负责撰写第1章到第3章及专著定稿修改，南昌大学2016届硕士李丹负责撰写第4章和第5章。

本书的内容主要是基于刘静华的1项国家自然科学基金项目"江西农村规模养种与场户双结合的反馈系统仿真分析"（71161017）、江西省普通本科高校和南昌大学中青年教师发展计划访问学者及南昌大学环境科学与工程博士后流动站专项资金资助的研究成果。

期望本书对从事系统动力学的科研教学人员及实际工作者有所帮助，感谢国家自然科学基金委员会的支持与帮助！感谢中国系统工程学会的支持与帮助！感谢江西省科学技术厅、农业厅的支持与帮助！感谢德邦牧业有限公司的张南生先生为专著提供了大量的数据和资料！感谢专业技工郑鲜平师傅！感谢萍乡市湘东区农业局的同志！感谢兰坡村的村支部书记！

感谢江西省萍乡市芦溪县竹园农民专业合作社，新农庄实业有限公司负责人陈茂盛，甘庆良和陈茂盛为实地调研采集科研数据提供了大力支持，让我有信心从事理论应用实践的研究，感谢南昌市新建县联圩乡大洲村党支部书记孙祖升在进行家庭农场调研时提供的热心帮助。

目　　录

第1章 家庭联产承包责任制现状和发展趋势分析

家庭承包制在解决农民的吃饭问题上可谓卓有成效，但在解决农民的致富问题和解决三农现代化的问题上却显得后劲乏力。当前，三农问题已成为建设小康社会的最大障碍，严重影响着和谐社会的构建及整个社会的现代化。家庭承包制是理解和破解三农问题的钥匙。为了实现三农的现代化，加快建设小康社会、和谐社会，推进城乡一体化，必须以研究家庭承包制为切入点，探索创新家庭承包制的方法，找到破解三农难题的出路。

国外的农业产业化[1]采用的是农工商综合体、合同制一体化、农业合作组织模式。其中日本和美国的经验可供我国借鉴[2]。

由于农业耕地面积相当有限，日本的农业产业化采用与企业联合的"科技集约型"的发展模式。其有三个特点：让企业积极参与、实现高附加值；利用高科技，兴办农业工厂；农业与工业及第三产业三位一体均衡发展[3]。

美国农业产业化是完全商业化和产业化的大农业。其三个特点是规模化、经营高度的农业机械化及日趋完善的社会化服务体系[4]。

1.1 家庭联产承包责任制优点和成长制约上限

1.1.1 家庭联产承包责任制优点

家庭联产承包责任制实质上就是包产到户。这一经营模式在改革开放的初期，极大地调动了农民的积极性，解决了温饱问题。这一改革的实质是集体所有、个人承包经营，实现了土地所有权与使用权的分离，调动了亿万农民的积极性，取得了较大成功。

主要农产品的产量增长更能反映农业生产的发展水平。由图 1.1 可以看出，1978~2007 年萍乡家庭联产承包制的粮食产量从 1978 年的 39.27 万吨增加到 1999

年的 57.36 万吨，增加了 18.09 万吨，年均增长率为 1.17%；平均每人每天的粮食是由 0.85 千克提高到 1.23 千克，解决了温饱问题[5]。

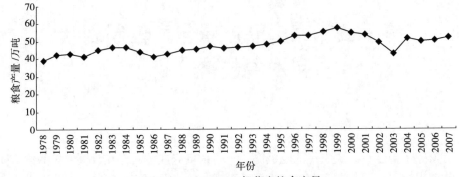

图 1.1　1978~2007 年萍乡粮食产量

由图 1.2 可以看出，萍乡农业的生产总值由 1978 年的 1.29 亿元上升到 2007 年的 28.73 亿元，增长了 27.44 亿元，增长了 21.27 倍，30 年来年均增长率为 11.7%。

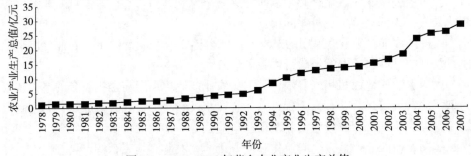

图 1.2　1978~2007 年萍乡农业产业生产总值

1978~2007 年萍乡的粮食产量增长的水平和农业产业生产总值的变化趋势与全国农业的粮食产量增长的水平和农业产业生产总值的变化趋势基本一致，它是全国农业的一个缩影，所以我们可以得出下面的一些结论。

（1）以家庭为基本经营单位，这是与农业的自身特点相适应的，具有客观的必然性。国内外农业发展实践表明，农业家庭经营与农业规模经营和农业现代化并不存在实质性的矛盾，相反，农民家庭恰恰是现代农业典型的企业组织形式，是我国在 21 世纪实现农业现代化的有效工具。因为家庭经营的激励充分和无需监督的特点决定了它是任何其他组织形式所不能完全替代的，尤为重要的是，家庭经营是最适合农业生产的经营形式。

家庭经营既适应以手工劳动为主的传统农业，也适应采用先进科学技术生产手段的现代农业；既满足小规模农业经营的要求，又满足大规模农业经营的要求，符合农业的生物学的特性和农业生产的特点。

家庭经营是被世界公认的有效的农业经营形式。无论是发达国家还是发展中国家概莫能外。就美国、日本、欧盟等发达国家和地区来说，其农业现代化的实现无不建立在大大小小的家庭农场的基础上。

（2）家庭联产承包责任制有利于培育农村市场主体。家庭联产承包使粮食生产快速增长，促进了农产品购销制度改革，1985 年国家取消粮、棉、猪等主要农产品的统购派购，代之以合同收购，密切了农业生产与广大市场之间的联系。农户除了按合同规定完成承包生产任务外，还可以自购生产资料发展其他自营经济，独立进行商品生产。这说明农户已成为农村经济中的基本单位和市场主体。同时农民专业合作组织数量也迅速增加。这表明农村经济中的市场主体在规模和产业分布上都有了长足的发展。

（3）统分结合的双层经营体制，有利于农村经济的进一步发展。所谓双层，一是家庭分散经营层次，二是集体统一经营层次。家庭经营激励充分的特点随着农业的进一步发展，家庭分散经营又因土地规模过小而效益不高的问题日渐突出，农户在生产经营中往往会遇到许多办不了、办不好或办起来的经济不合算的事情（如农田水利建设），而集体经营层次所具有的生产服务、组织协调和资产积累等功能，可以在不改变农户经营规模的基础上，在较大范围内协调和统筹人力、物力、财力，采用先进技术，开发、加工和利用当地资源，降低生产成本，发挥规模效益。

（4）家庭联产承包责任制既实现了社会的公平，也提高了生产效率。从 1985 年起，以粮、棉为主的土地经营快速增长的势头减缓，生产出现"徘徊"状态，家庭联产承包责任制的优越性、合理性也因此受到怀疑，问题的焦点集中在农户小规模分散经营妨碍了土地经营规模效益的实现。但是有关规模扩大的观点过分偏重于促进规模经营的制度框架，忽视了如何处理被排挤在农业之外农户及农业劳动力这一重要问题。如果不能保证放弃土地的农民获得不低于经营土地的收益，那么打破原有的均衡状态不仅可能是非效益的，而且可能因为妨害公平而影响社会稳定。研究结果也同时表明土地规模与经济效益之间并无必然联系，改造传统农业的关键是要投入新的生产要素，并使各生产要素之间保持合理的比例，小规模并不等于无效率，大规模也并不能得出高效率的结论。而土地的家庭承包经营并不排斥劳动力、资金、技术等生产要素的投入，相反，在坚持"家庭承包经营为基础、统分结合的双层经营体制"下，投入新的生产要素，却能够在保证社会公平的基础上提高土地经营效益[6]。

1.1.2　家庭联产承包责任制成长制约上限

家庭联产承包责任制利润上限基模的三个核心变量的相对增减关联性，确定了一条正因果链和一条负因果链构成的因果链集合（图 1.3）。

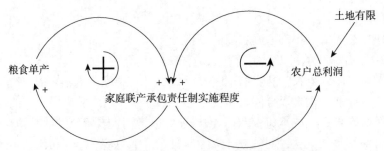

图1.3　家庭联产承包责任制利润上限基模

一条正因果链：家庭联产承包责任制实施程度 ——⁺→ 粮食单产 ——⁺→ 家庭联产承包责任制实施程度。也就是说，家庭联产承包责任制实施程度提高，会促进粮食单产提高；粮食单产提高，会促进家庭联产承包责任制实施程度的提高。

一条负因果链：家庭联产承包责任制实施程度 ——⁻→ 农户总利润 ——⁺→ 家庭联产承包责任制实施程度。也就是说，家庭联产承包责任制实施程度提高，会使农户总利润下降（土地有限，增产不增收）；农户总利润下降，会促进家庭联产承包责任制实施程度下降。

在家庭联产承包责任制下，平均每人只拥有0.5~2亩（1亩≈666.67平方米）的土地，在满足温饱的前提下，不利于农业产业化的实现，也不利于小康目标的实现；同时由于工业和服务业的发展，农民有流入其他非农产业的动力，原来家庭联产承包责任的增产优点出现瓶颈，甚至出现土地抛荒、粮食产量下降的局面。

（1）粮食产量遇到增长上限，播种面积在下降。

家庭联产承包责任制产量上限基模的三个核心变量相对增减关联性，可以确定一条正因果链和一条负因果链构成的因果链集合（图1.4）。

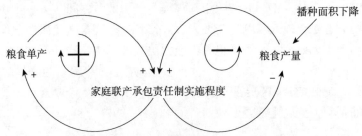

图1.4　家庭联产承包责任制产量上限基模

一条正因果链：家庭联产承包责任制实施程度 ——⁺→ 粮食单产 ——⁺→ 家庭联产承包责任制实施程度。也就是说，家庭联产承包责任制的实施程度提高，会促进粮食单产提高；粮食单产提高，会促进家庭联产承包责任制实施程度的提高。

一条负因果链：家庭联产承包责任制实施程度 ——⁻→ 粮食产量 ——⁺→ 家庭联产承包责任制实施程度。也就是说，家庭联产承包责任制实施程度提高，会使粮食产量下降（播种面积下降）；粮食产量下降，会促进家庭联产承包责任制实施程度下降。

萍乡粮食的播种面积从 1978 年的 94 438 公顷，一直下降到 2007 年的 77 444 公顷，播种面积在减少，农民的种粮积极性不高（图 1.5）。

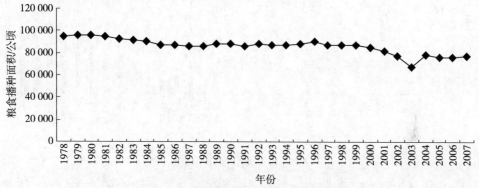

图 1.5　1978~2007 年萍乡粮食的播种面积

（2）农业产值的增长速度遇到增长上限，农业平均产值比工业产值低，增长率也低。

由图 1.6 可以看出，1978~1992 年萍乡农业产值增长速度处在振荡增长的时期，1993~2007 年除 2004 年的增长速度达到 20.1% 以外，其他年份均在 5% 左右徘徊，农业增长速度遇到瓶颈。

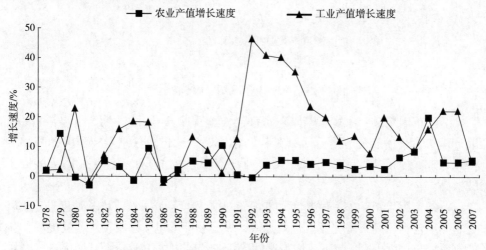

图 1.6　1978~2007 年萍乡农业和工业产值增长速度

由图 1.7 可以看出，在农业产值增长速度遇到瓶颈时，工业的增长速度依然很强劲，尤其是 1991~2003 年工业人均产值远远超过农业人均产值的增长，是农业人均产值平均的 19.19 倍。

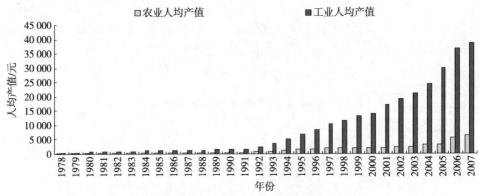

图 1.7　1978~2007 年萍乡工业与农业人均产值比较

资料来源：《萍乡统计年鉴2008》

由图 1.7 可以看出，1978~2007 年萍乡工业与农业人均产值的差距在拉大，由 1978 年 74∶26（即约为 3 倍）扩大为 2007 年的 84∶17（即约为 5 倍）。

家庭联产承包责任制农业产值上限基模的三个核心变量相对增减关联性，可以确定一条正因果链和一条负因果链构成的因果链集合（图 1.8）。

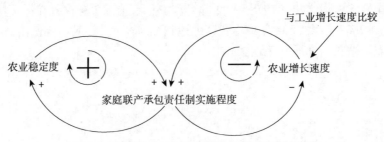

图 1.8　家庭联产承包责任制农业产值上限基模

一条正因果链：家庭联产承包责任制实施程度 ——+→ 农业稳定度 ——+→ 家庭联产承包责任制实施程度。也就是说，家庭联产承包责任制实施程度提高，会促进农业稳定度提高；农业稳定度提高，会促进家庭联产承包责任制实施程度的提高。

一条负因果链：家庭联产承包责任制实施程度 ——-→ 农业增长速度 ——+→ 家庭联产承包责任制实施程度。也就是说，家庭联产承包责任制实施程度提高，会使农业增长速度下降（与工业增长速度比较）；农业增长速度下降，会促进家庭联产承包责任制实施程度下降。

（3）农业生产费用占收入的比率越来越高，粮食价格遇到增长上限。

家庭联产承包责任制粮食价格上限基模的三个核心变量相对增减关联性，可以确定一条正因果链和一条负因果链构成的因果链集合（图 1.9）。

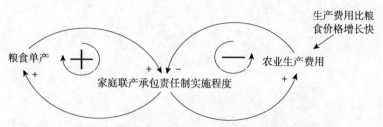

图 1.9　家庭联产承包责任制粮食价格上限基模

一条正因果链：家庭联产承包责任制实施程度 ——+—→ 粮食单产 ——+—→ 家庭联产承包责任制实施程度。也就是说，家庭联产承包责任制实施程度提高，会促进粮食单产提高；粮食单产提高，会促进家庭联产承包责任制实施程度提高。

一条负因果链：家庭联产承包责任制实施程度 ——+—→ 农业生产费用 ——−—→ 家庭联产承包责任制实施程度。也就是说，家庭联产承包责任制实施程度提高，会使农业生产费用提高（生产费用比粮价增长快）；农业生产费用提高，会促进家庭联产承包责任制实施程度下降。

2008 年萍乡家庭联产承包责任制的种粮成本是 11 358 元/公顷，2007 年是 9 982.5 元/公顷，2006 年是 9 000 元/公顷；2008 年较 2007 年和 2007 年较 2006 年的成本增长率分别为 13.78%和 10.9%。

2008 年萍乡水稻政府收购价格是 96 元/50 千克，2007 年是 86 元/50 千克，2006 年是 78 元/50 千克；2008 年较 2007 年和 2007 年较 2006 年的水稻收购价格增长率分别为 11.63%和 10.26%。种植水稻的成本增长率高于收入的增长率。

按每公顷产 6 525 千克计算，2008 年成本占收入的比例是 90.66%，2007 年为 88.95%，2006 年为 88.42%，呈上升趋势。

一方面，家庭经营的农业费用不仅绝对值越来越高，而且此费用占农业收入的比重越来越大，也就是农业生产的成本越来越高。另一方面，农业在产量增加的同时，成本也提高了。成本提高的主要原因是农药、化肥、地膜、种子、农用机械等工业产品在传统农业生产方式中的使用。这样一来，农业的产出收入没能比农业生产费用增长得更快，于是，农业生产费用占农业收入的比重越来越大，即农业成本提高了。一个行业的生产成本越来越高，就是该行业生产方式、生产技术落后的集中体现[7]。

（4）依靠传统农业增收困难，农业吸引力下降。

由图 1.10 可以看出，2007 年农民人均纯收入从 1999 年的 2 404 元增加到 5 053

元，增长了 1.1 倍，平均增长率为 10.01%；而其中人均农业收入只由 1999 年的 591.06 元增加到 2007 年的 1 217 元，增加了 625.94 元，增加了 105.9%；而非农业收入却从 1999 年的 1 813 元增加到 2007 年的 3 816 元，增加了 2 003 元，增加了 110.5%；农业收入增长缓慢，非农业收入增长速度很快。

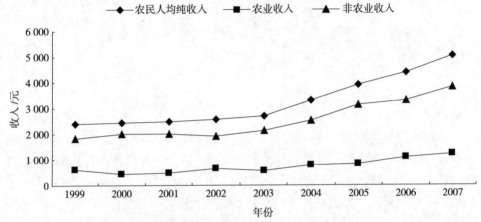

图 1.10　1999~2007 年萍乡农民收入比较

资料来源：《萍乡统计年鉴2008》

由图 1.11 可以看出 1978~2007 年萍乡农业人口数一直处在稳定上升的趋势，2007 年为 127.65 万人；而农业就业的人数是处在稳中有降的趋势，2007 年是 33.34 万人（图 1.12）；三大产从业人员所占比例中第一产业的比例在下降，第二产业、第三产业的比例在上升，即由 1978 年的 65：26：9 下降为 33：42：25，农业比例下降了 32%，第二产业、第三产业的比例上升了 32%（图 1.13）。

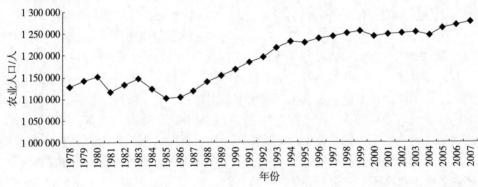

图 1.11　1978~2007 年萍乡农业人口数

资料来源：《萍乡统计年鉴2008》

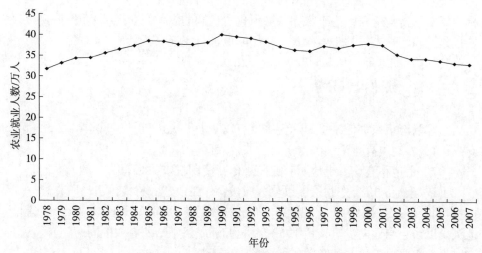

图 1.12　1978~2007 年萍乡农业就业人数

资料来源:《萍乡统计年鉴2008》

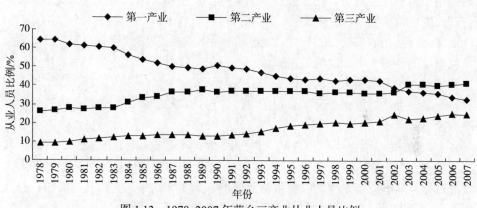

图 1.13　1978~2007 年萍乡三产业从业人员比例

资料来源:《萍乡统计年鉴2008》

1.2　消除联产承包责任制增长上限的对策研究

　　家庭联产承包责任制在满足人们温饱的基础上，它的未来发展遭遇了四个上限，分别是如上所述的粮食产量增长上限、农业产值的增长速度上限，粮食价格上限和农业增收上限，那如何突破家庭联产承包责任制在帮助农民"奔小康"路上的瓶颈呢？

　　我们在总结前人对家庭联产承包责任制发展趋势的七种主要观点的基础上，

提出了以下研究论点：基于家庭联产承包责任制的农业产业规模发展——新家庭农场是消除增长上限的重要模式，并用实例进行实证分析。

1.2.1　七种观点分析

家庭联产承包责任制发展趋势主要有以下七种观点：

（1）农地国有化论。国家所有，农民永佃。

（2）土地私有论。土地所有权归集体，使用权农民私有。

（3）土地股份合作制论。以社区股份合作制改造农村集体土地所有制。

（4）国家、集体、个人三元所有制论。实行有条件的土地私有制，如限制土地买卖以防止土地向少数人集中或兼并；归还农民土地所有权的同时，必须建立农民土地权益保护机制和有效的社会保障体制等。

（5）土地集体所有制论。其是在土地集体所有制前提下的土地产权关系和土地使用经营制度的改革，建立和健全土地有偿使用和合理流动机制，使土地资源与其他生产要素实现优化配置。

（6）四权分立制。2004 年，段进东和周镕基在《"虚拟所有权"与我国农地产权制度的创新》中把农地的占有权、使用权、收益权和处分权都给农户，农户成为实际的而不是名义上的土地主人。这就从根本上解决了保护农民在土地上的权益问题，也使耕地保护有了真正的主体，它是农地产权制度创新的一种有效实现途径[8]。

（7）适度规模化制。2007 年，傅爱民和王国安在《论我国家庭农场的培育机制》中认为，家庭农场是以农户家庭为基本组织单位，面向市场、以利润最大化为目标，从事适度规模的农林牧渔的生产、加工和销售，实行自主经营、自我积累、自我发展、自负盈亏和科学管理的企业化经济实体[9]。

1.2.2　新家庭农场论

新家庭农场是基于土地使用权归农民和农村劳动力转移下的，由一个或几个承包人将土地集中起来，使用农业机械和先进技术，如使用收割机、耕整机、插秧机、播种机等自动机械和使用无土育秧、测土配方施肥和早稻直播等技术进行规模经营，实现规模经济的家庭农场。

（1）坚持家庭经营，符合经济学的利己假设，减少监督成本。

经济学的利己假设认为人们处理问题时，考虑的是自己的利益，而不是社会的利益。当然个人在取得利益的同时也间接推动了社会的发展。

第一，农业生产具有生产周期长、生产过程不确定因素较多、生产时间与劳动时间不一致等特点，土地位置的固定性和空间的分散性又使农业生产只能在广阔空间上进行，而不能像工业一样集中到工厂中进行。农业生产的这些特点决定了对农业生产进行有效的监督非常困难，监督成本极高。家庭分散经营明显优于集体统一经营，既减少了交易费用，降低了组织成本，又改善了动力机制。

第二，家庭成员生产经营过程中往往对自己的行为实行较为严格的自我监督。这种监督出自家庭成员的内心，从而使监督成本降到最低限度。

第三，以家庭为生产经营主体，生产者与其所使用的生产资料真正结合起来。责、权、利三者能够集于劳动者一身，有利于调动劳动者的生产积极性。

第四，以农民家庭为核算单位，使其自负盈亏，从而建立起强有力的约束机制，在一定程度上杜绝了短期行为。

第五，以家庭为单位自主经营，为劳动者劳动能力和个性的自由发挥提供了比较好的条件。

（2）要以家庭农场或家庭农庄的形式进行经营，符合经济学规模经济理论。

首先，规模经营收入高。2007 年萍乡农业人均收入仅有 1 217 元，农民人均纯收入为 5 053 元，仅约占农业人均收入的 1/5；家庭经营每亩稻谷收入只有 82.7 元；但若种 33.33 公顷规模经营的话每亩的净利润有 300 元，总收入可以有 15 万元，是农民人均纯收入的 29.68 倍。

其次，规模经营成本低。农业生产支出上升，如现在农民种地的种子、化肥、农药、人工成本在上升；2008 年家庭经营的水稻每亩成本是 757.2 元，而经营 33.33 公顷的规模经营公顷成本为 8 250 元，其每公顷成本比家庭成本少 3 108 元，共节省成本 10.36 万元。

再次，政策的推动。从 2005 年开始国家陆续出台了一系列的惠农政策，如种子、化肥补贴，2008 年累计每公顷补贴 1 800 元；取消农业税；购买农用机械补贴 30%，这些都为推动农业产业化提供了政策条件。

最后，规模经营的家庭农场提高了农业效率，降低了成本。只有经营达到一定规模，才有利于机械化的使用。

（3）种植水稻为主。

在实施区域内，集农业机械、农业技术、种子等部门的先进技术力量为一体，积极打造粮食高产片。在农机技术方面，实行水稻全程机械化，即机插、机灌、机械植保、机收。在农技方面，则采用测土配方施肥、水培无土育秧的先进技术。在种子的选种上则是采用产量高、米质优、生育期稍短的糯稻品种。

1.3　新家庭农场的应用实例

（1）新家庭农场承包人介绍（图1.14）。陈茂盛，江西省萍乡市芦溪县竹园农民专业合作社负责人，新农庄实业有限公司负责人。小学5年级文化，以前靠开车积累了20万元的财富，后来看到家乡农地撂荒感到很惋惜，就用自己的资金以4 500元/公顷的价格承包了1 000户的共73.33公顷的土地并签订了5年合同，2008年种植早稻株两优1号33.33公顷，中稻中浙优1号40公顷，晚稻武功香丝苗33.33公顷。

图1.14　新家庭农场承包人——陈茂盛

（2）新家庭农场土地的获得。陈茂盛从2007年开始，取得撂荒土地0.67~1.33公顷，之后与村小组组长取得联系并取得其支持，村小组组长动员农户，其中有90%的农民有意向向外出租，最后再进行总动员，99%的农户同意以4 500元/公顷的价格承包给他。

（3）2008年种早籼稻总成本（表1.1）和购机补贴（表1.2）情况如下。

表 1.1　种早籼稻总成本

成本项目	单位成本/（元/公顷）	面积/公顷	总计/万元
固定工资	2 250	33.33	7.5
租金	2 250	33.33	7.5
化肥	1 800	33.33	6
农药	300	33.33	1
种子	450	33.33	1.5
其他	1 200	33.33	4
总计	8 250		27.5

表 1.2　2008 年陈茂盛获得的购机补贴（单位：万元）

项目	补贴总额	实际支付
拖拉机	1.5	4.6
插秧机	2.04	0.68
耕整机	2	2.8
总计	5.54	7.08

由表 1.1 和表 1.2 可知，2008 年种早籼稻株两优 1 号 33.33 公顷，在风调雨顺的情况下，实际的规模经营公顷产 7 500 千克，2008 年上半年种早籼稻总收入为 45 万元，减去成本 27.5 万元，上半年种早籼稻净利润为 17.5 万元。2008 年陈茂盛获得购机补贴 5.54 万元。

（4）规模经营与家庭联产承包责任制比较。

比较表 1.3~表 1.6 可知，规模经营在种粮大户有利润预期的前提下，以耕种 33.33 公顷土地为例，有以下结论。

表 1.3　规模经营与家庭联产承包责任制的耕种面积比较

经营模式	土地总公顷数/公顷	播种面积/公顷	种植季数/季
规模经营	33.33	66.67	2
家庭联产承包	33.33	33.33	1

表 1.4　规模经营与家庭联产承包责任制的产量比较

项目	规模经营	家庭联产承包	比较	备注
管理方式	精耕细作	粗放式管理		
公顷产量/千克	7 500	6 525	多 975 千克	每公顷增产 13%（1 季）
总公顷产/千克	15 000	6 525	多 8 475 千克	
总产量 1/万千克	50	22.25	多 27.75 万千克	不抛荒（多 55.5%）
总产量 2/万千克	50×2=100	19.575	多 80.425 万千克	有抛荒 10%（多 410.86%）

表 1.5　规模经营与家庭联产承包责任制的劳动力比较

项目	规模经营	家庭联产承包	比较	备注
需要人数/人	2/12	500	节省 498 人	全年
投入天数/天	31 天/ （33.33 公顷·季）	225 天/ （人·公顷）		
总投入天数/天	107×2=214	7 500	节约 7 286 天	

表 1.6　规模经营与家庭联产承包责任制的收益比较

项目	规模经营	家庭联产承包	比较	备注
成本/（元/公顷）	早稻 8 250	11 358		晚稻 9 420 元/公顷
总成本/万元	早稻 27.5	37.86	节省 10.36 万元	晚稻 31.4 万元
年总成本/万元	58.9	37.86		
每公顷收入/元	早稻 14 250	12 397.5	多 1 852.5 元	晚稻 13 500 元
总收入/万元	早稻 47.5	41.325	多 6.175 万元	晚稻 47.5 万元
年收入/万元	95	41.325	多 53.675 万元	
每公顷净利润/元	早稻 6 000	1 039.5	多 4 960.5 元	晚稻 4 830 元
总净利润/万元	20	4.465	多 15.535 万元	晚稻 16.1 万元
年净利润/万元	36.1	4.465	多 31.635 万元	
年农户收入/（元/公顷）	4 500	1 039.5	多 3 460.5 元/公顷	不考虑补贴
总农户收入/万元	15	4.465	多 10.535 万元	
补贴给普通农户/万元	6	6		
补贴给种粮大户/万元	5.54	0		
国家补贴总额/万元	11.54	6	多 5.54 万元	
补贴受益户数/户	501	500	多 1 户	
补贴每户收益额	5.54 万元	120 元		
承包户水稻收入/万元	31.1	0		
每户农户净收益/元	420	189.3	多 230.7 元	
农户总收益/万元	21	9.465	多 11.535 万元	
承包户总收入/万元	36.64	0		
国家的投入产出比	11.54∶（21+36.64）=1∶4.99	6∶9.465=1∶1.58	多 4.41 倍	
农户的投入产出/（元/公顷）	6 300	2 839.5	多 3 460.5 元/公顷	
承包户的投入产出比	1.375∶1	0		
社会财富增加/万元	57.64	9.465	多 48.175 万元	

　　第一，从播种面积看，规模经营会多种植 1 季，土地播种面积是 66.67 公顷，比家庭联产承包责任制多种 33.33 公顷，土地得到充分利用，见表 1.3。

　　第二，从产量来看，规模经营由于精耕细作，每公顷产量为 7 500 千克，比家庭联产承包责任制多 975 千克；总产量 2 季是 100 万千克，而家庭联产承包责任制种 1 季且没有抛荒的情况下是 22.25 万千克，规模经营多 78.25 万千克；若按目前抛荒率为 10%计算，则家庭联产承包责任制的产量是 19.575 万千克，规模经营多 80.425 万千克。规模经营对粮食安全起到举足轻重的作用，见表 1.4。

　　第三，从促进农村劳动力转移方面，规模经营只需要 2 个人，1 个承包人和 1 个农业技术人员，其他的由于使用机械化耕作只在需要时雇佣 12 个左右的人就可以种 33.33 公顷的水稻了，而家庭联产承包责任制却需要 500 个人，每人只耕种平均 1 亩的人口地，富余 498 人，这些人可以去城里打工，赚比种地更多的钱，这符合经济学的专业分工的原则，见表 1.5。

第四，从收入来看，规模经营由于使用最先进的无土育秧技术和测土配方施肥技术，利用各种农用机械，规模经营的每公顷净利润可达早稻 6 000 元，晚稻 4 830 元；而家庭联产承包责任制才 1 039.5 元，规模经营比家庭联产承包责任制的每公顷净利润多 4 960.5 元；年净利润分别为 36.1 万元和 4.465 万元，规模经营较家庭联产承包责任制多 32.635 万元；如果加上国家惠农政策的购机补贴和对农户的补贴，在规模经营模式下国家补贴支出是 11.54 万元，承包户总收入可达 36.64 万元，而农户总收入可达 21 万元，社会财富增加 57.64 万元；而在家庭联产承包责任制下国家补贴支出是 6 万元，农户总收益为 9.465 万元，承包户收益为 0，社会财富仅增加 9.465 万元，见表 1.6。

1.4　本章小结

综上所述，我们可以得出家庭联产承包责任制的四个优势、四个成长制约上限、七种发展趋势和新家庭农场的三个优势。

（1）家庭联产承包责任制的四个优势：以家庭为基本经营单位，这是与农业的自身特点相适应的，具有客观的必然性；有利于培育农村市场主体；统分结合的双层经营体制，有利于农村经济的进一步发展；既实现了社会的公平，也提高了生产效率。

（2）家庭联产承包责任制的四个成长制约上限分别为粮食产量增长上限、农业产值的增长速度上限、粮食价格上限和农业增收上限。

（3）联产承包责任制七种发展趋势分别为农地国有化论，土地私有论，土地股份合作制论，国家、集体、个人三元所有制论，土地集体所有制论，四权分立制，适度规模化制。

（4）通过对 2008 年最新的实际案例的数据的分析表明，在农村劳动力转移的情况下，家庭农场的规模经营比家庭联产承包责任制有优势，具体优势如下：①有利于土地的充分利用，提高粮食产量，保障国家粮食安全。②有利于机械化和农业新技术的使用，提高农业效率，降低生产成本，增加农民收入，增加社会财富。现阶段农业生产力快速发展，符合农业现代化的要求和市场竞争的需要，也是解决三农问题的关键。

第2章 鄱阳湖德邦规模养殖生态能源区三步顶点赋权图分析法

德邦规模养殖生态能源区是国家战略《鄱阳湖生态经济区规划》的产业区，地处江西省九江市德安县，是由大学、公司、农户、地方政府等共同参加的创新基地。规模养殖已为区域内的农民带来可观的经济收入，排放的粪便也已干化被出售给周边的种植业，但因猪尿输送问题未解决，大量直接排放，虽猪场建在远离村庄的区域，但长时间累积排放对周围的环境、水域及下游水域带来严重的污染，威胁着规模养殖经济区的持续健康发展。如何开发生物质资源让规模养殖的猪尿变废为宝？如何发展规模养殖和种植循环经济？如何开发沼气能源，减少污染物排放（节能减排），建设低碳与生态的产业区？此外，还存在很多问题急需研究解决。

系统动力学[10]（system dynamics，SD）为分析和研究复杂系统的动态反馈复杂性问题[11]提供了有效的理论和方法，本章在顶点赋权图[12]的基础上，建立系统发展的系统动力学三步顶点赋权图分析法，对德邦规模养殖生态能源区进行研究，可以在为规模养殖经济区可持续发展提供决策依据的同时，建立一种新的研究方法。

以江西省德邦牧业有限公司作为规模养殖的典型案例进行研究。

江西省德邦牧业有限公司属股份制有限责任公司，成立于2005年3月，总投资920万元，主要从事养猪生产经营，占地13.33公顷，建筑面积为2万多平方米，仪器设备总计74 300元。公司现有职工12人，其中技术人员5人，具有中级职称以上（含中级）3人，副高级职称以上（含副高级）2人。公司2008年实现净利润336万；2009年实现净利润215万元。

该种猪养殖小区所排放的沼液与部分沼渣供60亩红薯、120亩蔬菜、120亩水稻、20亩鱼塘（种植饲草10亩）、60亩板栗及周边1 000亩绿化木苗施肥，大部分粪沼渣经堆肥无害化处理后作为有机肥料出售，达到资源的综合利用。

2.1 系统发展三步顶点赋权图分析法

系统发展三步顶点赋权图分析法是：首先，通过实地深入分析，建立系统现行发展的核心变量集合的因果链集合，生成揭示系统现行发展优势的增长反馈环和问题的制约反馈环，建立系统现行发展模型。其次，通过对实地数据深入分析，建立原系统发展各阶段的顶点赋权图模型，定量揭示优势和问题。最后，围绕增长正反馈环和制约负反馈环的内涵提出系统未来发展的管理对策，通过各阶段的顶点赋权图顶点值的变化规律，定量证明系统未来发展的管理对策的正确性。

第一步：①进行实地深入分析，确定系统增长的核心变量集合；②进行实地深入分析，确定系统增长的核心变量的增长因果链集合；③由不同因果链相同顶点的链接力产生增长正反馈环，建立增长子结构，揭示系统现行发展优势；④进行实地深入分析，确定制约系统发展的核心变量；⑤进行实地深入分析，确定制约系统的核心变量的制约因果链集合；⑥由不同因果链相同顶点的链接力生成制约反馈环，建立制约子结构，揭示系统现行发展中存在的问题。

第二步：①进行实地数据分析，确定当前 t_n 年增长子结构增长正反馈环中核心变量顶点的值，建立系统增长子结构顶点赋权图 $G_1(t_n)$，进行增长定量分析；②进行实地数据分析，确定当前 t_n 年制约子结构制约负反馈环中核心变量顶点的值，建立系统制约子结构顶点赋权图 $G_2(t_n)$，进行制约定量分析；③由 $G_1(t_n)$ 和 $G_2(t_n)$ 中相同顶点的扣接力产生当前 t_n 年增长制约顶点赋权图 $G(t_n)$，相同顶点存在不同值顶点时，取后生成图 $G_2(t_n)$ 的顶点值，即将 $G_1(t_n)$ 和 $G_2(t_n)$ 进行并运算，顶点和顶点并，弧和弧并，产生当前 t_n 年增长制约顶点赋权图 $G(t_n)$，进行顶点赋权图增长制约定量分析；④同理，建立系统发展 $t_1, t_2, \cdots, t_{n-1}$ 各年增长制约顶点赋权图 $G(t_1), G(t_2), \cdots, G(t_{n-1})$。

第三步：①围绕增长正反馈环和制约负反馈环的内涵提出系统未来可持续发展的管理对策；②分别分析各增长正反馈环和制约负反馈环顶点从 $G(t_1)$ 至 $G(t_n)$ 的顶点值 n 年的变化规律，定量证明系统未来可持续发展的管理对策的正确性；③进行管理对策实施效应分析。

2.1.1　实地深入分析，确定德邦规模养殖生态能源区增长和制约子结构基模

1. 实地深入分析，确定德邦规模养殖利润及猪粪开发利用的增长子结构基模

1）实地深入分析，确定德邦规模养殖利润增长正反馈环

德邦牧业有限公司地处江西省鄱阳湖地区德安县高塘乡罗桥畈上桂村，是江西农业大学 1983 届兽医专业毕业生张南生 2005 年投入 178 万元建立的固定资产，经 11 年逐步扩大规模发展而成的种猪养殖场。德邦牧业实行自繁自养，2009 年存栏母猪 542 头，出栏 8 255 头，规模养殖利润逐年不断增加，2009 年的利润为 215 万元。对此规模养殖猪及利润子系统进行反馈分析。

（1）进行实地深入分析，确定三个核心变量构成的核心变量集合：{固定资产 $V_1(t)$，猪头数 $V_2(t)$，规模养殖利润 $V_3(t)$}。

（2）进行实地深入分析三个核心变量的相对增减关联性，确定三条正因果链构成的因果链集合：{固定资产 $V_1(t)$ $\xrightarrow{+}$ 猪头数 $V_2(t)$，猪头数 $V_2(t)$ $\xrightarrow{+}$ 规模养殖利润 $V_3(t)$，规模养殖利润 $V_3(t)$ $\xrightarrow{+}$ 固定资产 $V_1(t)$}。

（3）由不同因果链相同顶点的链接力，三个正因果链产生规模养殖猪及利润增长正反馈环：固定资产 $V_1(t)$ $\xrightarrow{+}$ 猪头数 $V_2(t)$ $\xrightarrow{+}$ 规模养殖利润 $V_3(t)$ $\xrightarrow{+}$ 固定资产 $V_1(t)$。此规模养殖猪及利润增长正反馈环每年不断进行正反馈，使规模养殖不断发展壮大。

2）实地深入分析，确定德邦规模养殖猪粪资源开发利用增长正反馈环

德邦规模养殖产生大量猪粪，2009 年产猪粪量为 420 吨，猪粪中含 N、P、K（氮、磷、钾）资源，是种植业的重要肥源，养殖区域内有江苏阳光集团 1 000 亩绿化木苗，周围有万家村和畈上桂家村，有红薯 60 亩、蔬菜 120 亩、水稻 120 亩、鱼塘 20 亩、板栗 60 亩，五年来，规模养殖区实行养种和场户双结合，用猪粪种植，还有农户购猪粪作为户用沼气原料，猪粪使用率达 100%，德邦猪场还赚得猪粪销售利润。对此猪粪开发利用子系统进行反馈分析。

（1）进行实地深入分析，建立四个核心变量构成的核心变量集合：{猪头数 $V_2(t)$，猪粪量 $V_4(t)$，猪粪 N、P、K 含量 $V_5(t)$，猪粪资源开发利用度 $V_6(t)$}。

（2）进行实地深入分析四个核心变量相对增减关联性，建立四条正因果链构成的因果链集合：{猪头数 $V_2(t)$ $\xrightarrow{+}$ 猪粪量 $V_4(t)$，猪粪量 $V_4(t)$ $\xrightarrow{+}$ 猪

粪 N、P、K 含量 $V_5(t)$，猪粪 N、P、K 含量 $V_5(t)$ $\xrightarrow{+}$ 猪粪资源开发利用度 $V_6(t)$，猪粪资源开发利用度 $V_6(t)$ $\xrightarrow{+}$ 猪头数 $V_2(t)$ }。

（3）由不同因果链相同顶点的链接力可得，四个正因果链产生猪粪资源开发利用增长正反馈环：猪头数 $V_2(t)$ $\xrightarrow{+}$ 猪粪量 $V_4(t)$ $\xrightarrow{+}$ 猪粪 N、P、K 含量 $V_5(t)$ $\xrightarrow{+}$ 猪粪资源开发利用度 $V_6(t)$ $\xrightarrow{+}$ 猪头数 $V_2(t)$。

此猪粪资源开发利用增长正反馈环不断反馈变化，使规模养殖生态能源区构成并不断发展。

3）德邦规模养殖生态能源区增长子结构基模

由两个不同反馈环中公共变量猪头数 $V_2(t)$ 的链接力作用，产生规模养殖生态能源区增长子结构基模，见图 2.1。

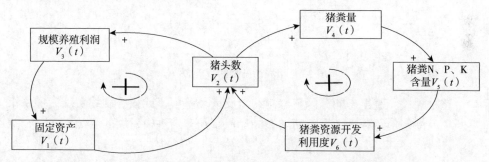

图 2.1　规模养殖利润及猪粪开发利用的增长子结构基模

此规模养殖利润及猪粪开发利用的增长子结构基模使德邦规模养殖生态能源区不断发展壮大。

2. 实地系统分析，建立猪尿污染制约负反馈环及制约子结构基模

（1）经实地系统分析，因猪尿运输不方便，德邦规模养殖生态能源区猪尿未利用，所以五年来，猪尿一直直接流入养殖区周边低洼地面，污染环境。对此，存在四个核心变量，即猪头数 $V_2(t)$，猪尿量 $V_7(t)$，猪尿 N、P、K 含量 $V_8(t)$ 和排污地 N、P、K 污染量 $V_9(t)$。

此四个核心变量在运行中构成三条正因果链，一条负因果链：猪头数 $V_2(t)$ $\xrightarrow{+}$ 猪尿量 $V_7(t)$；猪尿量 $V_7(t)$ $\xrightarrow{+}$ 猪尿 N、P、K 含量 $V_8(t)$；猪尿 N、P、K 含量 $V_8(t)$ $\xrightarrow{+}$ 排污地 N、P、K 污染量 $V_9(t)$；排污地 N、P、K 污染量 $V_9(t)$ $\xrightarrow{-}$ 猪头数 $V_2(t)$。其中，三条正因果链显然成立，产生负因果链是因为排污地 N、P、K 污染量 $V_9(t)$ 越多，污染越严重，周围农户及政府一定同时提出制约，形成制约养殖发展的瓶颈，猪头数 $V_2(t)$

相对减少，构成负因果链。

（2）三个正因果链和一个负因果链构成一条猪尿污染制约负反馈环：猪头数 $V_2(t)$ $\xrightarrow{+}$ 猪尿量 $V_7(t)$ $\xrightarrow{+}$ 猪尿N、P、K含量 $V_8(t)$ $\xrightarrow{+}$ 排污地N、P、K 污染量 $V_9(t)$ $\xrightarrow{-}$ 猪头数 $V_2(t)$。

此制约负反馈环构成一个猪尿污染制约负反馈基模，见图2.2。

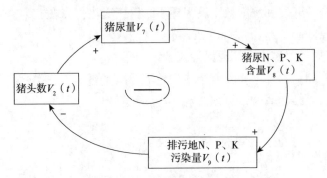

图 2.2   猪尿污染制约负反馈基模

这是规模养殖生态能源区核心制约负反馈环基模，此核心制约负反馈环每年不断负反馈，使经济区污染不断增大，形成制约养殖规模发展的瓶颈。

2.1.2   实地系统分析，建立 2009 年的增长制约子结构基模的顶点赋权图

1. 确定德邦规模养殖生态能源区 2009 年的增长子结构基模的顶点赋权图

为进一步定量揭示增长子结构基模作用，为增长子结构基模的顶点赋权。

（1）实地系统分析，2009 年养殖猪及利润增长正反馈环（第一条正反馈环）顶点赋权。

第一，固定资产 V_1（2009）的计算。

固定资产 V_1（2009）=（2005 年投入固定资产 178 万元+2007 年投入固定资产 32 万元+2008 年投入固定资产 12 万元+2009 年投入固定资产 12 万元）=234 万元。

第二，猪头数 V_2（2009）的计算。

经实地系统分析，德邦规模养殖场为种猪场，主要从事种猪养殖，且栏中有 17 种猪，其 2009 年 1 月至 12 月存栏猪头数及出栏猪头数见表 2.1 和表 2.2。

表 2.1　2009 年存栏猪头数（单位：头）

项目	1月	2月	3月	4月	5月	6月	7月	8月	9月	10月	11月	12月
哺乳仔猪	375	333	248	326	328	319	384	436	473	509	567	556
保育仔猪	25	265	284	163	265	165	236	257	270	369	346	289
生长猪	216	22	128	268	167	214	228	267	275	309	229	263
育成猪	152	232	91	157	175	142	96	191	193	197	219	202
育肥猪	195	223	263	159	94	146	95	184	197	189	196	214
杜洛克公猪	2	2	2	2	2	2	2	2	4	4	4	4
杜洛克空怀母猪	1	2	2	1	2	1	2	2	2	2	2	2
杜洛克妊娠母猪	7	6	7	7	7	12	14	15	16	15	16	15
杜洛克哺乳母猪	2	2	2	2	2	2	2	2	2	3	2	3
长白公猪	2	2	2	2	2	2	2	2	3	3	3	3
长白空怀母猪	1	1	1	1	1	1	1	1	1	1	1	1
长白妊娠母猪	4	4	4	4	4	4	4	4	4	4	4	4
长白哺乳母猪	1	1	1	1	1	1	1	1	1	1	1	1
大约克公猪	2	2	2	2	2	2	2	2	3	3	3	3
大约克空怀母猪	16	36	34	24	28	38	44	63	69	67	69	68
大约克妊娠母猪	204	184	180	192	172	280	366	371	368	367	373	371
大约克哺乳母猪	44	38	36	38	42	53	55	77	78	79	76	77
存栏猪总数	1 249	1 355	1 286	1 349	1 293	1 385	1 534	1 878	1 959	2 122	2 111	2 076

注：月均存栏数=表 2.1 中最后一行各数的和取平均数=（1 249+1 355+…+2 076）/12≈1 633 头；哺乳仔猪为出生后至断奶之间的小猪；保育仔猪为断奶后至 60~70 日龄的仔猪；生长猪为 60~70 日龄至 50 千克的猪；育成猪为 50~80 千克的猪；育肥猪为 80 千克以上的猪

表 2.2　2009 年出栏猪头数

项目	1月	2月	3月	4月	5月	6月	7月	8月	9月	10月	11月	12月	年出栏
出栏生猪/头	458	437	481	433	479	521	626	729	987	1 016	1 021	1 067	8 255

由于繁生和出栏，表 2.1 和表 2.2 中存出栏猪头数每月不断变化，这是种猪公司的一个特点。因此，猪头数 V_2（2009）是由表 2.1 和表 2.2 构成的一个复合

数，取年出栏数和月均存栏数综合为猪头数 V_2（2009）的顶点值，所以，猪头数 V_2（2009）=（年出栏 8 255 头，月均存栏 1 633 头）。

第三，规模养殖利润 V_3（2009）计算。

2009 年出售利润计算公式及方法如下。

首先，平均每头苗猪出售的利润（元）。

苗猪：从刚出生的小猪，一直长到 30 千克左右的猪，都称为苗猪。每头苗猪出售利润计算公式为苗猪的价格（28 元/千克）×重量（千克/头）–（饲料成本（320 元/头）+人工成本（24 元/头）+水电成本（20 元/头）+防疫保健治疗成本（38 元/头）+母猪分摊成本（20 元/头）+设备折旧平摊成本（10 元/头））。

2009 年苗猪重量（18.9 千克/头），2009 年苗猪出售利润=98（元）。

其次，种猪出售的利润（元/头）。

种猪：种猪是指具有繁殖能力并且用来作为种用的猪。

每头种猪出售利润计算公式：种猪的价格（25 元/千克）×重量（千克/头）–（饲料成本（460 元/头）+人工成本（24 元/头）+水电成本（20 元/头）+防疫保健治疗成本（38 元/头）+母猪分摊成本（20 元/头）+设备折旧平摊成本（10 元/头）+管理费（40 元/头））。

2009 年种猪重量（50 千克/头），2009 年种猪出售利润=638（元/头）。

再次，出售的肉猪的利润（元/头）。

每头肉猪出售利润计算公式：肉猪的价格（11 元/千克）×重量（千克/头）–（饲料成本（780 元/头）+人工成本（24 元/头）+水电成本（20 元/头）+防疫保健治疗成本（38 元/头）+母猪分摊成本（20 元/头）+设备折旧平摊成本（10 元/头）+管理费（40 元/头））。

2009 年肉猪重量（107.2 千克/头），2009 年肉猪出售利润=288（元/头）。

最后，规模养殖利润 V_3（2009）。

规模养殖利润 V_3（2009）=出售的苗猪的利润（98 元/头）×2009 年出售的苗猪头数（4 238 头）+平均每头出售的种猪的利润（638 元/头）×2009 年出售的种猪头数（1 650 头）+平均每头肉猪出售的利润（288 元/头）×2009 年出售的肉猪头数（2 367 头）≈215 万元。

一个家庭牧业有限公司 2009 年的利润为 215 万元是一个非常有意义的数字，它揭示了规模养殖是农业增收的一个重要途径。

由以上 V_1（2009）至 V_3（2009）获得第一个正反馈环顶点值。猪头数 V_2（2009）=（年出栏 8 255 头，月均存栏 1 633 头），2009 年规模养殖利润 V_3（2009）=215 万元，固定资产 V_1（2009）=234 万元，三个顶点值由 2005 年至 2009 年五年正反馈促进积累获得。第一个正反馈环顶点值刻画固定资产投入实施规模养殖可实现农业产业发展、农民增收。

（2）实地系统分析，2009 年猪粪资源开发利用增长正反馈环（第二条正反馈环）顶点赋权。

第一，猪粪量 V_4（2009）计算。

猪粪与饲料品种有关，德邦规模养殖场针对不同猪种不同生长期使用不同品种的饲料，经实测不同猪种不同生长期每天每头产粪量为表 2.3。

表 2.3　2009 年猪粪实测结果

猪种	哺乳仔猪	保育仔猪	生长猪	育成猪	育肥猪	杜洛克公猪	杜洛克母猪		
							空怀母猪	妊娠母猪	哺乳母猪
饲料品种	教槽料	保育料	生长料	育成料	育肥料	公猪料	空怀料	怀孕料	哺乳料
每天每头产粪量/千克	0.02	0.19	0.59	1.01	1.28	1.49	1.33	1.22	2.60

猪种	长白公猪	长白母猪			大约克公猪	大约克母猪		
		空怀母猪	妊娠母猪	哺乳母猪		空怀母猪	妊娠母猪	哺乳母猪
饲料品种	公猪料	空怀料	怀孕料	哺乳料	公猪料	空怀料	怀孕料	哺乳料
每天每头产粪量/千克	1.44	1.30	1.17	2.55	1.38	1.28	1.12	2.50

以下采用表行对应元素相乘相加法计算 2009 年猪粪量。

构建 2009 年猪粪量计算表步骤如下：①将表 2.3 中 17 种猪每天每头产粪量（千克）为第一行；②将年存栏猪头数表 2.1 中 1 月的 17 种猪存栏头数为第二行；③用行对应元素相乘法，将第一行和第二行 17 个元素对应数字相乘，并分别乘 1 月天数（31 天），构成第三行，第三行 17 个元素为 1 月 17 种猪的猪粪量（千克）；④以此类推，用行对应元素相乘法，得 2 月至 12 月各月的 17 种猪的猪粪量（千克）行；⑤用行对应元素相加法，将 1 月至 12 月的猪粪量行的各 17 个元素分别相加，得 2009 年 17 种猪的猪粪量（千克）行，2009 年猪粪量计算表见表 2.4。

将表 2.4 中最后一行的 17 个元素相加得 2009 年猪粪量。则 2009 年猪粪量 V_4（2009）=2 956+16 951+…+52 810=419 509 千克≈420 吨。

2009 年猪粪量为 420 吨，由此可见这是一项重要生物质资源。

第二，猪粪 N、P、K 含量 V_5（2009）计算。

由南昌大学实测猪粪 N、P、K 含量，部分实测数据见表 2.5。

表2.4　2009年猪粪计算表

猪种	哺乳仔猪	保育仔猪	生长猪	育成猪	育肥猪	杜洛克公猪	杜洛克母猪			长白公猪	长白母猪			大约克公猪	大约克母猪		
							空怀母猪	妊娠母猪	哺乳母猪		空怀母猪	妊娠母猪	哺乳母猪		空怀母猪	妊娠母猪	哺乳母猪
饲料品种	教槽料	保育料	生长料	育成料	育肥料	公猪料	空怀料	怀孕料	哺乳料	公猪料	空怀料	怀孕料	哺乳料	公猪料	空怀料	怀孕料	哺乳料
每天每头产粪量/千克	0.02	0.19	0.59	1.01	1.28	1.49	1.33	1.22	2.60	1.44	1.30	1.17	2.55	1.38	1.28	1.12	2.50
1月头数/头	375	25	216	152	195	2	1	7	2	2	1	4	1	2	16	204	44
1月产粪量/千克	233	147	3 951	4 759	7 738	92	41	265	161	89	40	145	79	86	635	7 083	3 410
2月头数/头	333	265	22	232	223	2	2	6	2	2	1	4	1	2	36	184	38
2月产粪量/千克	186	1 410	363	6 561	7 992	83	74	205	146	81	36	131	71	77	1 290	5 770	2 660
3月头数/头	248	284	128	91	263	2	2	7	1	2	1	4	1	2	34	180	36
3月产粪量/千克	154	1 673	2 341	2 849	10 436	92	82	265	81	89	40	145	79	86	1 349	6 250	2 790
4月头数/头	326	163	268	157	159	2	1	7	2	2	1	4	1	2	24	192	38
4月产粪量/千克	196	929	4 744	4 757	6 106	89	40	256	156	86	39	140	77	83	922	6 451	2 850
5月头数/头	328	265	167	175	94	2	1	7	2	2	1	4	1	2	28	172	42
5月产粪量/千克	203	1 561	3 054	5 479	3 730	92	41	265	161	89	40	145	79	86	1 111	5 972	3 255
6月头数/头	319	165	214	142	146	2	2	12	2	2	1	4	1	2	38	280	53
6月产粪量/千克	191	941	3 788	4 303	5 606	89	80	439	156	86	39	140	77	83	1 459	9 408	3 975
7月头数/头	384	236	228	96	95	2	2	14	2	2	1	4	1	2	44	366	55
7月产粪量/千克	238	1 390	4 170	3 006	3 770	92	82	529	161	89	40	145	79	86	1 746	12 708	4 263
8月头数/头	436	257	267	191	184	2	2	15	3	2	1	4	1	2	63	371	77
8月产粪量/千克	270	1 514	4 883	5 980	7 301	92	82	567	242	89	40	145	79	86	2 500	12 881	5 968
9月头数/头	473	270	275	193	197	4	2	16	2	3	1	4	1	3	69	368	78
9月产粪量/千克	284	1 539	4 868	5 848	7 565	179	80	586	156	130	39	140	77	124	2 650	12 365	5 850

续表

猪种	哺乳仔猪	保育仔猪	生长猪	育成猪	育肥猪	杜洛克公猪	杜洛克母猪			长白公猪	长白母猪			大约克公猪	大约克母猪		
							空怀母猪	妊娠母猪	哺乳母猪		空怀母猪	妊娠母猪	哺乳母猪		空怀母猪	妊娠母猪	哺乳母猪
10 月头数/头	509	369	309	197	189	4	2	15	3	3	1	4	1	3	67	367	79
10 月产粪量/千克	316	2 173	5 652	6 168	7 500	185	82	567	242	134	40	145	79	128	2 659	12 742	6 123
11 月头数/头	567	346	229	219	196	4	2	16	2	3	1	4	1	3	69	373	76
11 月产粪量/千克	340	1 972	4 053	6 636	7 526	179	80	586	156	130	39	140	77	124	2 650	12 533	5 700
12 月头数/头	556	289	263	202	214	4	2	15	2	3	1	4	1	3	68	371	77
12 月产粪量/千克	345	1 702	4 810	6 325	8 492	185	82	567	242	134	40	145	79	128	2 698	12 881	5 968
2009 年产粪量/千克	2 956	16 951	46 677	62 671	83 761	1 451	849	5 097	2 059	1 227	475	1 708	931	1 176	21 668	117 043	52 810

表 2.5　2009 年猪粪 N、P、K 含量和数值

猪种	哺乳仔猪	保育仔猪	生长猪	育成猪	育肥猪	杜洛克公猪	杜洛克母猪			长白公猪	长白母猪			大约克公猪	大约克母猪		
饲料品种	教槽料	保育料	生长料	育成料	育肥料	公猪料	空怀料	怀孕料	哺乳料	公猪料	空怀料	怀孕料	哺乳料	公猪料	空怀料	怀孕料	哺乳料
饲料 N 含量%	3.36	2.46	1.79	1.42	3.59	3.25	0.83	0.9	2.5	3.25	0.85	0.94	2.5	3.25	0.85	3.14	2.5
猪粪 P 含量%	0.57	0.54	0.31	0.24	0.34	0.46	0.16	0.18	0.44	0.46	0.17	0.19	0.44	0.46	0.10	0.62	0.44
猪粪 K 含量%	0.32	0.29	0.27	0.20	0.30	0.31	0.17	0.63	0.31	0.31	0.16	0.66	0.31	0.31	0.16	0.69	0.31
年猪粪千克	2 956	16 951	46 677	62 671	83 761	1 451	849	5 097	2 059	1 227	475	1 708	931	1 176	21 668	117 043	52 810
年猪粪 N 含量/千克	99	417	836	890	3 007	47	7	46	51	40	4	16	23	38	184	3 675	1 320
年猪粪 P 含量/千克	17	91	143	152	285	7	1	9	9	6	1	3	4	5	22	723	233
年猪粪 K 含量/千克	9	49	125	123	251	4	1	32	6	4	1	11	3	4	34	807	164

在南昌大学实测的基础上，又参考王岩在 2004 发表的《养殖业固体废弃物快速堆肥化处理》的第 5 页内容，得到 17 种猪的猪粪的 N、P、K 含量见表 2.6。

表 2.6   德邦牧业有限公司粪便 N、P、K 含量检测结果

检测项目	检测结果/%			
	公猪	哺奶猪	肥猪	保育猪
K	0.31	0.31	0.30	0.29
Cu	0.028	0.005	0.030	0.012
Zn	0.060	0.027	0.028	0.039
P	0.46	0.44	0.34	0.54
N	3.210/3.290	2.511/2.481	3.794/3.393	2.585/2.342

注：粪便由南昌大学分析测试中心实验室柳英霞、申明月、许婷实验员 2009 年 12 月 9 日至 18 日测定（样品编号为 090668 和 090667）

由表 2.5 计算猪粪 N 含量=99+417+…+1 320=10 701 千克，即 10.701 吨。同理，2009 年猪粪 P 含量=17+91+…+233=1 711 千克，即 1.711 吨。2009 年猪粪 K 含量=9+49+…+164=1 628 千克，即 1.628 吨。

所以，2009 年猪粪 N、P、K 含量 V_5（2009）=N 含量 10.701 吨+P 含量 1.711 吨+K 含量 1.628 吨=14.040 吨。

2009 年猪粪 N、P、K 含量达 14.040 吨，这证明猪粪是非常宝贵的生物质资源。

第三，猪粪资源开发利用度 $V_6(t)$ 计算。

猪粪资源开发利用度 $V_6(t)$ 是一个复合变量，取种植和户用沼气原猪粪使用率和猪粪利润综合构成。

德邦规模养殖场区域内江苏阳光集团 1 000 亩绿化木苗，其中桂花树苗 500 亩、杜英树苗 300 亩、石楠树苗 200 亩。周围有万家村和畈上桂家村，有红薯 60 亩、蔬菜 120 亩、水稻 120 亩、鱼塘 20 亩、板栗 60 亩，木苗公司和农户同时用猪粪进行种植，猪粪除用于种植外，还有农户购猪粪作为户用沼气原料，解除户用沼气原料不足问题，通过养种和场户双结合，2009 年生产的 420 吨猪粪全部被开发利用。所以，种植和户用沼气原猪粪使用率达 100%。

2009 年出售鲜猪粪量 420 吨，猪粪价格为 26 元/吨，2009 年猪粪利润=1.092 万元，所以，猪粪资源开发利用度 $V_6(t)$=（种植和户用沼气原猪粪使用率 100%，猪粪利润 1.092 万元）。

由 V_2（2009）、V_4（2009）、V_5（2009）和 V_6（2009），共四个顶点赋权，可获第二个正反馈环顶点值。这四个顶点值刻画德邦规模养殖区通过养种和场户双结合开发猪粪资源建设生态能源区的状况。

（3）德邦规模养殖生态能源区 2009 年的增长子结构基模的顶点赋权图。

由 2009 年第一条和第二条正反馈环顶点赋权值，可得德邦规模养殖生态能源区 2009 年的增长子结构基模的顶点赋权图 $G_1(t)$（图 2.3）。

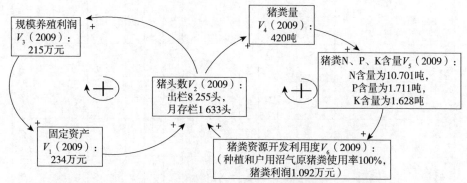

图 2.3　2009 年的增长子结构基模的顶点赋权图 G_1（2009）

顶点赋权图 G_1（2009）清晰地刻画了固定资产投入实施规模养殖，可实现农业产业发展，农民增收。同时，实行养种和场户双结合开发猪粪资源，也可以实现养种综合发展，建立生态能源区。

2. 建立德邦规模养殖生态能源区 2009 年的制约子结构基模的顶点赋权图

1）猪尿量 V_7（2009）计算

猪尿与饲料品种同样有关，经实测不同猪种不同生长期每天每头的猪尿量见表 2.7。以下采用表行对应元素相乘相加法计算 2009 年猪尿量。

表 2.7　2009 年猪尿实测结果

猪种	哺乳仔猪	保育仔猪	生长猪	育成猪	育肥猪	杜洛克公猪	杜洛克母猪		
							空怀母猪	妊娠母猪	哺乳母猪
饲料品种	教槽料	保育料	生长料	育成料	育肥料	公猪料	空怀料	怀孕料	哺乳料
每天每头产粪量/千克	0.35	0.69	1.49	2.35	2.89	3.32	3	2.78	5.57
猪种	长白公猪	长白母猪			大约克公猪	大约克母猪			
		空怀母猪	妊娠母猪	哺乳母猪		空怀母猪	妊娠母猪	哺乳母猪	
饲料品种	公猪料	空怀料	怀孕料	哺乳料	公猪料	空怀料	怀孕料	哺乳料	
每天每头产粪量/千克	3.21	2.94	2.67	5.46	3.1	2.89	2.57	5.36	

与 2009 年猪粪量计算同理，构建 2009 年猪尿量计算表（表 2.8）。

由表 2.8 的最后一行可得，猪尿量 V_7（2009）=51 727+61 558+…+113 225=1 030 333 千克≈1 030 吨。

2）猪尿 N、P、K 含量 V_8（2009）计算

在南昌大学实测的基础上，又参考王岩[13]的研究结果，得 17 种猪的猪尿 N、P、K 含量见表 2.9。

表 2.8　2009 年猪尿计算表

猪尿品种	哺乳仔猪	保育仔猪	生长猪	育成猪	育肥猪	杜洛克公猪	杜洛克母猪			长白公猪	长白母猪			大约克公猪	大约克母猪		
							空怀母猪	妊娠母猪	哺乳母猪		空怀母猪	妊娠母猪	哺乳母猪		空怀母猪	妊娠母猪	哺乳母猪
饲料品种	教槽料	保育料	生长料	育成料	育肥料	公猪料	空怀料	怀孕料	哺乳料	公猪料	空怀料	怀孕料	哺乳料	公猪料	空怀料	怀孕料	哺乳料
每天每头猪尿量/千克	0.35	0.69	1.49	2.35	2.89	3.32	3	2.78	5.57	3.21	2.94	2.67	5.46	3.1	2.89	2.57	5.36
1 月头数/头	375	25	216	152	195	2	1	7	2	2	1	4	1	2	16	204	44
1 月猪尿量/千克	4 069	535	9 977	11 073	17 470	206	93	603	345	199	91	331	169	192	1 433	16 253	7 311
2 月头数/头	333	265	22	232	223	2	2	6	2	2	1	4	1	258	36	184	38
2 月猪尿量/千克	3 263	5 120	918	15 266	18 045	186	168	467	312	180	82	299	153	174	2 913	13 241	5 703
3 月头数/头	248	284	128	91	263	2	2	7	1	2	1	4	1	250	34	180	36
3 月猪尿量/千克	2 691	6 075	5 912	6 629	23 562	206	186	603	173	199	91	331	169	192	3 046	14 341	5 982
4 月头数/头	326	163	268	157	159	2	1	7	2	2	1	4	1	254	24	192	38
4 月猪尿量/千克	3 423	3 374	11 980	11 069	13 785	199	90	584	334	193	88	320	164	186	2 081	14 803	6 110
5 月头数/头	328	265	167	175	94	2	1	7	2	2	1	4	1	242	28	172	42
5 月猪尿量/千克	3 559	5 668	7 714	12 749	8 421	206	93	603	345	199	91	331	169	192	2 509	13 703	6 979
6 月头数/头	319	165	214	142	146	2	2	12	2	2	1	4	1	371	38	280	53
6 月猪尿量/千克	3 350	3 416	9 566	10 011	12 658	199	180	1 001	334	193	88	320	164	186	3 295	21 588	8 522
7 月头数/头	384	236	228	96	95	2	2	14	2	2	1	4	1	465	44	366	55
7 月猪尿量/千克	4 166	5 048	10 531	6 994	8 511	206	186	1 207	345	199	91	331	169	192	3 942	29 159	9 139
8 月头数/头	436	257	267	191	184	2	2	15	3	2	1	4	1	511	63	371	77
8 月猪尿量/千克	4 731	5 497	12 333	13 914	16 485	206	186	1 293	518	199	91	331	169	192	5 644	29 558	12 794
9 月头数/头	473	270	275	193	197	4	2	16	2	3	1	4	1	515	69	368	78
9 月猪尿量/千克	4 967	5 589	12 293	13 607	17 080	398	180	1 334	334	289	88	320	164	279	5 982	28 373	12 542

续表

猪种	哺乳仔猪	保育仔猪	生长猪	育成猪	育肥猪	杜洛克公猪	杜洛克母猪			长白公猪	长白母猪			大约克公猪	大约克母猪		
							空怀母猪	妊娠母猪	哺乳母猪		空怀母猪	妊娠母猪	哺乳母猪		空怀母猪	妊娠母猪	哺乳母猪
10月头数/头	509	369	309	197	189	4	2	15	3	3	1	4	1	513	67	367	79
10月猪尿量/千克	5 523	7 893	14 273	14 351	16 933	412	186	1 293	518	299	91	331	169	288	6 003	29 239	13 127
11月头数/头	567	346	229	219	196	4	2	16	2	3	1	4	1	518	69	373	76
11月猪尿量/千克	5 954	7 162	10 236	15 440	16 993	398	180	1 334	334	289	88	320	164	279	5 982	28 758	12 221
12月头数/头	556	289	263	202	214	4	2	15	3	3	1	4	1	516	68	371	77
12月猪尿量/千克	6 033	6 182	12 148	14 716	19 172	412	186	1 293	518	299	91	331	169	288	6 092	29 558	12 794
年猪尿量/千克	51 727	61 558	117 880	145 818	189 116	3 234	1 914	11 615	4 411	2 735	1 073	3 898	1 993	2 641	48 922	268 573	113 225

表2.9　2009年猪尿N、P、K含量和数值

猪种	哺乳仔猪	保育仔猪	生长猪	育成猪	育肥猪	杜洛克公猪	杜洛克母猪			长白公猪	长白母猪			大约克公猪	大约克母猪		
饲料品种	教槽料	保育料	生长料	育成料	育肥料	公猪料	空怀料	怀孕料	哺乳料	公猪料	空怀料	怀孕料	哺乳料	公猪料	空怀料	怀孕料	哺乳料
猪尿N含量/%	3.76	3.77	1.74	1.1	0.9	1.21	1.34	1.44	0.72	1.25	1.36	1.5	0.73	1.29	1.39	1.56	0.75
猪尿P含量/%	0.63	0.32	0.15	0.09	0.08	0.17	0.19	0.21	0.1	0.18	0.19	0.21	0.1	0.18	0.2	0.22	0.11
猪尿K含量/%	0.69	0.63	0.58	0.43	0.65	0.67	0.37	1.36	0.67	0.67	0.35	1.43	0.67	0.67	0.35	1.49	0.67
年猪尿量/千克	51 727	61 558	117 880	145 818	189 116	3 234	1 914	11 615	4 411	2 735	1 073	3 898	1 993	2 641	48 922	268 573	113 225
年猪尿N含量/千克	1 945	2 321	2 051	1 604	1 702	39	26	167	32	34	15	58	15	34	680	4 190	849
年猪尿P含量/千克	326	197	177	131	151	5	4	24	4	5	2	8	2	5	98	591	125
年猪尿K含量/千克	357	385	687	630	1 225	22	7	158	30	18	4	56	13	18	169	4 001	758

由表 2.9 可得，猪尿 N 含量=1 945+2 324+…+849=15 762 千克，即 15.762 吨，同理，猪尿 P 含量=326+197+…+125=1 855 千克，即 1.855 吨，猪尿 K 含量=357+385+…+758=8 538 千克，即 8.538 吨，综合以上结果可得，猪尿 N、P、K 含量 V_8（2009）= 15.762 吨+ 1.855 吨+8.538 吨=26.155 吨。

3）排污地 N、P、K 污染量 $V_9(t)$ 计算

德邦规模养殖产生的猪尿五年没有利用，2009 年在原四年的基础上又增加 N 含量 15.762 吨、P 含量 1.855 吨、K 含量 8.538 吨，则五年累加，使排污地 N 污染量=50.320 吨，排污地 P 污染量=5.830 吨，排污地 K 污染量=24.997 吨。其中，2005~2008 年排污地 N、P、K 污染量可在 2005~2008 年顶点赋权图中计算得出。

50.323 吨的 N、5.83 吨的 P、24.989 吨的 K 本是可贵的资源，却没有被利用，而污染环境，使排污地面变为臭水沟，使养殖区臭气熏人。

4）德邦规模养殖生态能源区 2009 年的制约子结构基模的顶点赋权图

由 2009 年负反馈环五个顶点赋权值，可得 2009 年的制约子结构基模的顶点赋权图 G_2（2009）（图 2.4）。

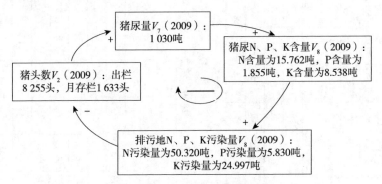

图 2.4   2009 年的制约子结构基模的顶点赋权图 G_2（2009）

2009 年的制约子结构基模的顶点赋权图 G_2（2009）清晰地刻画了规模养殖猪尿没有利用，污染环境的制约作用。

3. 德邦规模养殖生态能源区 2009 年的增长制约基模的顶点赋权图

将 2009 年的增长子结构基模的顶点赋权图 G_1（2009）和 2009 年的制约子结构基模的顶点赋权图 G_2（2009）进行并运算，由此得德邦规模养殖生态能源区 2009 年的增长制约基模的顶点赋权图 G（2009），见图 2.5。

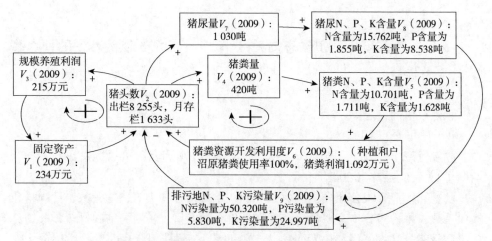

图 2.5　德邦规模养殖生态能源区 2009 年增长制约顶点赋权图 G（2009）

2.1.3　系统发展三步顶点赋权图分析法总结

本节对德邦牧业有限公司的规模养殖进行了深入分析，确定系统发展中的核心变量的因果链集合，产生三个正因果链构成的规模养殖猪利润增长正反馈环，四个正因果链构成的猪粪资源开发利用增长正反馈环,揭示现行系统发展的优势；产生三个正因果链和一个负因果链构成的猪尿污染制约负反馈环揭示系统发展存在的问题。接着，分类对 2009 年 1 月至 12 月 17 种猪的猪粪和猪尿及其中的 N、P、K 资源进行了实际测量和计算，并给出了苗猪、种猪和肉猪的每头利润计算公式等,建立了由两个增长正反馈环和一个制约负反馈环构成的 2009 年规模养殖生态能源区增长制约顶点赋权图。

2.2　德邦规模养殖生态能源区顶点赋权图管理对策证明法

在 2.1 节的基础上，我们应用 2.1 节的三步顶点赋权图一次给出德邦养殖生态能源区的 2005~2008 年的增长制约基模的顶点赋权图 G（2005）、G（2006）、G（2007）和 G（2008），再加上 2.1 节的 G（2009），接着再根据顶点赋权图顶点值的变化规律证明三条管理对策的正确性。

2.2.1 德邦规模养殖生态能源区 2005 年的增长制约基模的顶点赋权图 G（2005）

顶点权值的确定。

（1）固定资产 V_1（2005）的计算。

固定资产 V_1（2005）=2005 年投入固定资产 178 万元=178 万元。

（2）猪头数 V_2（2005）的计算。

由德邦牧业有限公司提供的 2005~2009 年每月各种类养猪的头数、日饲料和排泄系数，将种猪分为存栏生猪、杜洛克公猪和母猪、长白公猪和母猪、大约克公猪和母猪，又将母猪细化为空怀、妊娠和哺乳三种类型，而将存栏生猪分为哺乳仔猪、保育仔猪、生长猪、育成猪和育肥猪。

月均存栏数=表 2.10 中最后一行各数的和取平均数=（120+236+236）/3≈197头。猪头数 V_2（2005）=（年出栏 0 头，月均存栏 197 头）。

表 2.10   2005 年存出栏猪基本数据（单位：头）

项目	10 月	11 月	12 月
杜洛克公猪	2	4	4
杜洛克空怀母猪头	10	20	20
长白公猪	2	2	2
长白空怀母猪	4	8	8
大约克公猪	2	2	2
大约克空怀母猪	100	200	200
存栏猪总数	120	236	236

资料来源：江西德安德邦牧业有限公司种猪经理张南生提供的实际数据

（3）规模养殖利润 V_3（2005）的计算。

规模养殖利润 V_3（2005）=0。由于刚开始经营，还没有出栏，所以利润为 0。

（4）猪粪量 V_4（2005）的计算（表 2.11）。

表 2.11   2005 年猪粪量

猪种	哺乳仔猪	保育仔猪	生长猪	育成猪	育肥猪	杜洛克公猪	杜洛克母猪		
							空怀母猪	妊娠母猪	哺乳母猪
每天每头粪便/千克	0.02	0.19	0.59	1.01	1.28	1.49	1.33	1.22	2.60
10 月头数/头						2	10		

续表

猪种	哺乳仔猪	保育仔猪	生长猪	育成猪	育肥猪	杜洛克公猪	杜洛克母猪		
							空怀母猪	妊娠母猪	哺乳母猪
10 月粪便/千克	0	0	0	0	0	92	412	0	0
11 月头数/头						4	20		
11 月粪便/千克	0	0	0	0	0	179	798	0	0
12 月头数/头						4	20		
12 月粪便/千克	0	0	0	0	0	185	825	0	0
年粪便/千克	0	0	0	0	0	456	2 035	0	0

猪种	长白公猪	长白母猪			大约克公猪	大约克母猪		
		空怀母猪	妊娠母猪	哺乳母猪		空怀母猪	妊娠母猪	哺乳母猪
每天每头粪便/千克	1.44	1.30	1.17	2.55	1.38	1.28	1.12	2.50
10 月头数/头	2	4			2	100		
10 月粪便/千克	89	161	0	0	86	3 968	0	0
11 月头数/头	2	8			2	200		
11 月粪便/千克	86	312	0	0	83	7 680	0	0
12 月头数/头	2	8			2	200		
12 月粪便/千克	89	322	0	0	86	7 936	0	0
年粪便/千克	265	796	0	0	254	19 584	0	0

注：除 2008 年 2 月是 29 天外，其余的 2005 年 2 月，2006 年 2 月，2007 年 2 月和 2009 年 2 月都是 28 天

猪粪量 V_4（2005）=456+2 035+265+796+254+19 584=23 389 千克≈23.4 吨。

（5）猪粪 N、P、K 含量 V_5（2005）的计算（表 2.12）。

表 2.12　2005 年猪粪 N、P、K 含量计算表（单位：千克）

猪种	哺乳仔猪	保育仔猪	生长猪	育成猪	育肥猪	杜洛克公猪	杜洛克母猪		
							空怀母猪	妊娠母猪	哺乳母猪
年粪便	0	0	0	0	0	456	2 035	0	0
年粪便 N 含量	0	0	0	0	0	15	17	0	0
年粪便 P 含量	0	0	0	0	0	2	3	0	0
年粪便 K 含量	0	0	0	0	0	1	3	0	0

猪种	长白公猪	长白母猪			大约克公猪	大约克母猪		
		空怀母猪	妊娠母猪	哺乳母猪		空怀母猪	妊娠母猪	哺乳母猪
年粪便	265	796	0	0	254	19 584	0	0
年粪便 N 含量	9	7	0	0	8	166	0	0
年粪便 P 含量	1	1	0	0	1	20	0	0
年粪便 K 含量	1	1	0	0	1	31	0	0

以下采用表行对应元素相乘相加法计算。

猪粪 N、P、K 含量 V_5（2005）N 含量=15+17+…+166=222 千克，即 0.222 吨。

猪粪 N、P、K 含量 V_5（2005）P 含量=2+2+…+20=29 千克，即 0.029 吨。

猪粪 N、P、K 含量 V_5（2005）K 含量=1+3+…+31=39 千克，即 0.039 吨。

（6）猪粪资源开发利用度 V_6（2005）的计算。

种植和户用沼气原猪粪使用率为 100%，2005 年出售鲜猪粪量 23 吨，猪粪价格为 48 元/米^3，2005 年猪粪利润=0.1 万元，所以，猪粪资源开发利用度 V_6（2005）=（种植和户用沼气原猪粪使用率 100%，猪粪利润 0.1 万元）。

（7）猪尿量 V_7（2005）的计算（表 2.13）。

表 2.13　2005 年猪尿量计算表

猪种	哺乳仔猪	保育仔猪	生长猪	育成猪	育肥猪	杜洛克公猪	杜洛克母猪		
							空怀母猪	妊娠母猪	哺乳母猪
饲料品种	教槽料	保育料	生长料	育成料	育肥料	公猪料	空怀料	怀孕料	哺乳料
每天每头猪尿量/千克	0.35	0.69	1.49	2.35	2.89	3.32	3	2.78	5.57
10 月头数/头						2	10		
10 月猪尿量/千克	0	0	0	0	0	206	930	0	0
11 月头数/头						4	20		
11 月猪尿量/千克	0	0	0	0	0	398	1 800	0	0
12 月头数/头						4	20		
12 月猪尿量/千克	0	0	0	0	0	412	1 860	0	0
年猪尿量/千克	0	0	0	0	0	1 016	4 590	0	0

猪种	长白公猪	长白母猪			大约克公猪	大约克母猪		
		空怀母猪	妊娠母猪	哺乳母猪		空怀母猪	妊娠母猪	哺乳母猪
饲料品种	公猪料	空怀料	怀孕料	哺乳料	公猪料	空怀料	怀孕料	哺乳料
每天每头猪尿量/千克	3.21	2.94	2.67	5.46	3.1	2.89	2.57	5.36
10 月头数/头	2	4			2	100		
10 月猪尿量/千克	199	365	0	0	192	8 959	0	0
11 月头数/头	2	8			2	200		
11 月猪尿量/千克	193	706	0	0	186	17 340	0	0
12 月头数/头	2	8			2	200		
12 月猪尿量/千克	199	729	0	0	192	17 918	0	0
年猪尿量/千克	591	1 799	0	0	570	44 217	0	0

采用表行对应元素相乘相加法计算。

猪尿量 V_7（2005）=1 016+4 590+…+44 217=52 783 千克≈52.8 吨。

（8）猪尿 N、P、K 含量 V_8（2005）计算（表 2.14）。

表 2.14　2005 年猪尿 N、P、K 含量计算表（单位：千克）

猪种	哺乳仔猪	保育仔猪	生长猪	育成猪	育肥猪	杜洛克公猪	杜洛克母猪		
							空怀母猪	妊娠母猪	哺乳母猪
饲料品种	教槽料	保育料	生长料	育成料	育肥料	公猪料	空怀料	怀孕料	哺乳料
年猪尿	0	0	0	0	0	1 016	4 590	0	0
年猪尿 N 含量	0	0	0	0	0	12	62	0	0
年猪尿 P 含量	0	0	0	0	0	2	9	0	0
年猪尿 K 含量	0	0	0	0	0	7	17	0	0
猪种	长白公猪	长白母猪			大约克公猪	大约克母猪			
		空怀母猪	妊娠母猪	哺乳母猪		空怀母猪	妊娠母猪	哺乳母猪	
饲料品种	公猪料	空怀料	怀孕料	哺乳料	公猪料	空怀料	怀孕料	哺乳料	
年猪尿	591	1 799	0	0	570	44 217	0	0	
年猪尿 N 含量	7	24	0	0	7	615	0	0	
年猪尿 P 含量	1	3	0	0	1	88	0	0	
年猪尿 K 含量	4	6	0	0	4	155	0	0	

以下采用表行对应元素相乘法计算。

猪尿 N、P、K 含量 V_8（2005）N 含量=12+62+…+615=728 千克，即 0.728 吨。

猪尿 N、P、K 含量 V_8（2005）P 含量=2+9+…+88=104 千克，即 0.104 吨。

猪尿 N、P、K 含量 V_8（2005）K 含量=7+17+…+155=193 千克，即 0.193 吨。

（9）排污地 N、P、K 污染量 V_9（2005）的计算。

排污地 N 污染量=2005 年猪尿 N 含量之和=0.728 吨。

排污地 P 污染量=2005 年猪尿 P 含量之和=0.104 吨。

排污地 K 污染量=2005 年猪尿 K 含量之和=0.193 吨。

2005 年德邦牧业有限公司出栏 0 头；月存栏 197 头；获得养殖规模利润为 0；固定资产为 178 万元；产生猪粪量为 23.4 吨；猪粪 N、P、K 含量中 N 含量为 0.222 吨，P 含量为 0.029 吨，K 含量为 0.039 吨；出售鲜猪粪量 23.6 吨；种植和户用沼气原猪粪使用率 100%，猪粪利润 0.1 万元；猪尿量 52.8 吨；猪尿 N、P、K 含量中 N 含量为 0.728 吨，P 含量为 0.104 吨，K 含量为 0.193 吨；排污地 N、P、K 污染量中 N 污染量为 0.728 吨，P 污染量为 0.104 吨，K 污染量为 0.193 吨（图 2.6）。

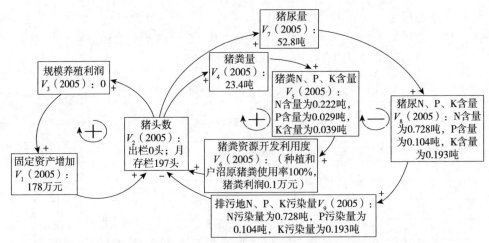

图 2.6　德邦规模养殖生态能源区 2005 年增长制约顶点赋权图 G（2005）

2.2.2　德邦规模养殖生态能源区 2006 年的增长制约基模的顶点赋权图 G（2006）

（1）固定资产 V_1（2006）的计算。

固定资产 V_1（2006）＝（2005 年投入固定资产 178 万元+2006 年投入固定资产 0）=178 万元。

（2）猪头数 V_2（2006）的计算（表 2.15）。

表 2.15　2006 年存出栏猪基本数据（单位：头）

猪种	1月	2月	3月	4月	5月	6月	7月	8月	9月	10月	11月	12月
哺乳仔猪					487	471	474	443	428	368	396	384
保育仔猪					56	439	463	437	405	384	359	357
生长猪					0	55	432	459	441	368	368	347
育成猪					0	0	55	160	116	91	157	175
育肥猪					0	0	0	55	158	114	59	94
杜洛克公猪	4	4	4	4	4	4	4	4	3	3	3	3
杜洛克空怀母猪	10	2	2	2	2	6	12	6	4	2	2	2
杜洛克妊娠母猪	10	18	18	18	12	2	6	12	14	16	14	6
杜洛克哺乳母猪	0	0	0	0	0	12	2	2	2	2	4	12
长白公猪	2	2	2	2	2	2	2	2	2	2	2	2
长白空怀母猪	4	1	0	0	0	0	2	4	2	2	1	2
长白妊娠母猪	4	7	8	8	6	3	2	4	4	4	5	4
长白哺乳母猪	0	0	0	0	0	2	2	2	2	2	2	2

续表

猪种	1月	2月	3月	4月	5月	6月	7月	8月	9月	10月	11月	12月
大约克公猪	2	2	2	2	2	2	2	2	2	2	2	2
大约克空怀母猪	148	87	19	8	9	49	33	17	23	29	28	27
大约克妊娠母猪	52	112	179	187	142	106	120	143	142	132	134	133
大约克哺乳母猪	0	0	0	3	48	43	45	38	33	36	35	32
存栏猪总数	236	235	234	234	778	1 199	1 658	1 788	1 781	1 557	1 571	1 584

资料来源：江西德安德邦牧业有限公司种猪经理张南生提供的实际数据

月均存栏数=表 2.15 中最后一行各数取平均数=（236+235+…+1 584）/12≈1 071 头。

2006 年出栏猪头数见表 2.16。

表 2.16　2006 年出栏猪头数

项目	1月	2月	3月	4月	5月	6月	7月	8月	9月	10月	11月	12月	年出栏
出栏生猪/头								261	323	332	258	277	1 451

由表 2.16 可知，猪头数 V_2（2006）=（年出栏 1 451 头，月均存栏 1 071 头）。

（3）规模养殖利润 V_3（2006）的计算。

出售的苗猪的利润（48 元/头）×2006 年出售的苗猪头数（1 358 头）+出售的种猪的利润（202 元/头）×2006 年出售的种猪头数（93 头）+出售的肉猪的利润（89 元/头）×2006 年出售的肉猪头数（0）≈8.4 万元。

（4）猪粪量 V_4（2006）的计算（表 2.17）。

猪粪量 V_4（2006）=2 114+16 852+…+23 973=221 193 千克≈221 吨。

（5）猪粪 N、P、K 含量 V_5（2006）的计算（表 2.18）。

以下采用表行对应元素相乘相加法计算。

猪粪 N、P、K 含量 V_5（2006）N 含量=71+415+…+599=5 082 千克，即 5.082 吨。

猪粪 N、P、K 含量 V_5（2006）P 含量=12+91+…+105=876 千克，即 0.876 吨。

猪粪 N、P、K 含量 V_5（2006）K 含量=7+49+…+74=835 千克，即 0.835 吨。

（6）猪粪资源开发利用度 V_6（2006）的计算。

2006 年出售鲜猪粪量 221 吨，猪粪价格 38 元/米^3，2006 年猪粪利润=0.836 万元，所以，猪粪资源开发利用度 V_6（2006）=（种植和户沼原猪粪使用率 100%，猪粪利润 0.836 万元）。

（7）猪尿量 V_7（2006）的计算。

以下采用表行对应元素相乘相加法计算，见表 2.19。

猪尿量 V_7（2006）=36 990+61 201+…+51 397=567 120 千克≈567 吨。

（8）猪尿 N、P、K 含量 V_8（2006）计算，见表 2.20。

表2.17　2006年猪粪量计算表

猪种	哺乳仔猪	保育仔猪	生长猪	育成猪	育肥猪	杜洛克公猪	杜洛克母猪 空怀母猪	杜洛克母猪 妊娠母猪	杜洛克母猪 哺乳母猪	长白公猪	长白母猪 空怀母猪	长白母猪 妊娠母猪	长白母猪 哺乳母猪	大约克公猪	大约克母猪 空怀母猪	大约克母猪 妊娠母猪	大约克母猪 哺乳母猪
饲料品种	教槽料	保育料	生长料	育成料	育肥料	公猪料	空怀料	怀孕料	哺乳料	公猪料	空怀料	怀孕料	哺乳料	公猪料	空怀料	怀孕料	哺乳料
每天每头猪粪量/千克	0.02	0.19	0.59	1.01	1.28	1.49	1.33	1.22	2.60	1.44	1.30	1.17	2.55	1.38	1.28	1.12	2.50
1月头数量/头	0	0			0	4	10	10	0	2	4	4	0	2	148	52	0
1月猪粪量/千克	0	0	0	0	0	185	412	378	0	89	161	145	0	86	5 873	1 805	0
2月头数量/头	0	0			0	4	2	18	0	2	1	7	0	2	87	112	0
2月猪粪量/千克	0	0	0	0	0	167	74	615	0	81	36	229	0	77	3 118	3 512	0
3月头数量/头	0	0			0	4	2	18	0	2	0	8	0	2	19	179	0
3月猪粪量/千克	0	0	0	0	0	185	82	681	0	89	0	290	0	86	754	6 215	3
4月头数量/头	0	0			0	4	2	18	0	2	0	8	0	2	8	187	3
4月猪粪量/千克	0	0	0	0	0	179	80	659	0	86	0	281	0	83	307	6 283	225
5月头数量/头	487	56			0	4	2	12	6	2	2	6	2	2	9	142	48
5月猪粪量/千克	302	330	0	0	0	185	82	454	484	89	0	218	158	86	357	4 930	3 720
6月头数量/头	471	439	55	55	55	4	6	2	12	2	2	3	3	2	49	106	43
6月猪粪量/千克	283	2 502	974	0	0	179	239	73	936	86	78	105	230	83	1 882	3 562	3 225
7月头数量/头	474	463	432	55	0	4	12	6	2	2	4	2	2	2	33	120	45
7月猪粪量/千克	294	2 727	7 901	1 722	0	185	495	227	161	89	161	73	158	86	1 309	4 166	3 488
8月头数量/头	443	437	459	160	55	4	6	12	2	2	2	4	2	2	17	143	38
8月猪粪量/千克	275	2 574	8 395	5 010	2 182	185	247	454	161	89	81	145	158	86	675	4 965	2 945
9月头数量/头	428	405	441	116	158	3	4	14	2	2	2	4	2	2	23	142	33
9月猪粪量/千克	257	2 309	7 806	3 515	6 067	134	160	512	156	86	78	140	153	83	883	4 771	2 475

续表

猪种	哺乳仔猪	保育仔猪	生长猪	育成猪	育肥猪	杜洛克公猪	杜洛克母猪			长白公猪	长白母猪			大约克公猪	大约克母猪		
							空怀母猪	妊娠母猪	哺乳母猪		空怀母猪	妊娠母猪	哺乳母猪		空怀母猪	妊娠母猪	哺乳母猪
10 月头数/头	368	384	368	91	114	3	2	16	2	2	2	4	2	2	29	132	36
10 月猪粪量/千克	228	2 262	6 731	2 849	4 524	139	82	605	161	89	81	145	158	86	1 151	4 583	2 790
11 月头数/头	396	359	368	157	59	3	2	14	4	2	1	5	2	2	28	134	35
11 月猪粪量/千克	238	2 046	6 514	4 757	2 266	134	80	512	312	86	39	176	153	83	1 075	4 502	2 625
12 月头数/头	384	357	347	175	94	3	2	6	12	2	2	4	2	2	27	133	32
12 月猪粪量/千克	238	2 103	6 347	5 479	3 730	139	82	227	967	89	81	145	158	86	1 071	4 618	2 480
年猪粪量/千克	2 114	16 852	44 667	23 332	18 769	1 994	2 117	5 397	3 338	1 051	796	2 092	1 326	1 007	18 455	53 913	23 973

表2.18　2006年猪粪N、P、K含量和数值

猪种	哺乳仔猪	保育仔猪	生长猪	育成猪	育肥猪	杜洛克公猪	杜洛克母猪			长白公猪	长白母猪			大约克公猪	大约克母猪		
饲料品种	教槽料	保育料	生长料	育成料	育肥料	公猪料	空怀母猪（空怀料）	妊娠母猪（怀孕料）	哺乳母猪（哺乳料）	公猪料	空怀母猪（空怀料）	妊娠母猪（怀孕料）	哺乳母猪（哺乳料）	公猪料	空怀母猪（空怀料）	妊娠母猪（怀孕料）	哺乳母猪（哺乳料）
猪粪 N 含量/%	3.36	2.46	1.79	1.42	3.59	3.25	0.83	0.9	2.5	3.25	0.85	0.94	2.5	3.25	0.85	3.14	2.5
猪粪 P 含量/%	0.57	0.54	0.31	0.24	0.34	0.46	0.16	0.18	0.44	0.46	0.17	0.19	0.44	0.46	0.10	0.62	0.44
猪粪 K 含量/%	0.32	0.29	0.27	0.20	0.30	0.31	0.17	0.63	0.31	0.31	0.16	0.66	0.31	0.31	0.16	0.69	0.31
年猪粪量/千克	2 114	16 852	44 667	23 332	18 769	1 994	2 117	5 397	3 338	1 051	796	2 092	1 326	1 007	18 455	53 913	23 973
年猪粪 N 含量/千克	71	415	800	331	674	65	18	49	83	34	7	20	33	33	157	1 693	599
年猪粪 P 含量/千克	12	91	138	56	64	9	3	10	15	5	1	4	6	5	18	334	105
年猪粪 K 含量/千克	7	49	121	47	56	6	4	34	10	3	1	14	4	3	30	372	74

表2.19　2006年猪尿量计算表

猪种	哺乳仔猪	保育仔猪	生长猪	育成猪	育肥猪	杜洛克公猪	杜洛克母猪			长白公猪	长白母猪			大约克公猪	大约克母猪		
饲料品种							空怀母猪	妊娠母猪	哺乳母猪		空怀母猪	妊娠母猪	哺乳母猪		空怀母猪	妊娠母猪	哺乳母猪
	教槽料	保育料	生长料	育成料	育肥料	公猪料	空怀料	怀孕料	哺乳料	公猪料	空怀料	怀孕料	哺乳料	公猪料	空怀料	怀孕料	哺乳料
每天每头每头猪尿量/千克	0.35	0.69	1.49	2.35	2.89	3.32	3	2.78	5.57	3.21	2.94	2.67	5.46	3.1	2.89	2.57	5.36
1月头数/头	0	0	0	0	0	4	10	10	0	2	4	4	0	2	148	52	0
1月猪尿量/千克						412	930	862	0	199	365	331	0	192	13 259	4 143	0
2月头数/头	0	0	0	0	0	4	2	18	0	2	1	7	0	2	87	112	0
2月猪尿量/千克	0	0	0	0	0	372	168	1 401	0	180	82	523	0	174	7 040	8 060	0
3月头数/头	0	0	0	0	0	4	2	18	0	2	0	8	0	2	19	179	0
3月猪尿量/千克	0	0	0	0	0	412	186	1 551	0	199	0	662	0	192	1 702	14 261	0
4月头数/头	0	0	0	0	0	4	2	18	0	2	0	8	0	2	8	187	3
4月猪尿量/千克	0	0	0	0	0	398	180	1 501	0	193	0	641	0	186	694	14 418	482
5月头数/头	487	56	0	0	0	4	2	12	6	2	0	6	2	2	9	142	48
5月猪尿量/千克	5 284	1 198	0	0	0	412	186	1 034	1 036	199	0	497	339	192	806	11 313	7 976
6月头数/头	471	439	55	0	0	4	6	2	12	2	2	3	3	2	49	106	43
6月猪尿量/千克	4 946	9 087	2 459	0	0	398	540	167	2 005	193	176	240	491	186	4 248	8 173	6 914
7月头数/头	474	463	432	55	0	4	12	6	2	2	4	2	2	2	33	120	45
7月猪尿量/千克	5 143	9 904	19 954	4 007	0	412	1 116	517	345	199	365	166	339	192	2 956	9 560	7 477
8月头数/头	443	437	459	160	55	4	6	12	2	2	2	4	2	2	17	143	38
8月猪尿量/千克	4 807	9 347	21 201	11 656	4 927	412	558	1 034	345	199	182	331	339	192	1 523	11 393	6 314
9月头数/头	428	405	441	116	158	3	4	14	2	2	2	4	2	2	23	142	33
9月猪尿量/千克	4 494	8 384	19 713	8 178	13 699	299	360	1 168	334	193	176	320	328	186	1 994	10 948	5 306

续表

猪种	哺乳仔猪	保育仔猪	生长猪	育成猪	育肥猪	杜洛克公猪	杜洛克母猪			长白公猪	长白母猪			大约克公猪	大约克母猪		
							空怀母猪	妊娠母猪	哺乳母猪		空怀母猪	妊娠母猪	哺乳母猪		空怀母猪	妊娠母猪	哺乳母猪
10 月头数/头	368	384	368	91	114	3	2	16	2	2	2	4	2	2	29	132	36
10 月猪尿量/千克	3 993	8 214	16 998	6 629	10 213	309	186	1 379	345	199	182	331	339	192	2 598	10 516	5 982
11 月头数/头	396	359	368	157	59	3	2	14	4	2	1	5	2	2	28	134	35
11 月猪尿量/千克	4 158	7 431	16 450	11 069	5 115	299	180	1 168	668	193	88	401	328	186	2 428	10 331	5 628
12 月头数/头	384	357	347	175	94	3	2	6	12	2	2	4	2	2	27	133	32
12 月猪尿量/千克	4 166	7 636	16 028	12 749	8 421	309	186	517	2 072	199	182	331	339	192	2 419	10 596	5 317
年猪尿量/千克	36 990	61 201	112 802	54 287	42 376	4 442	4 776	12 299	7 152	2 343	1 799	4 774	2 839	2 263	41 668	123 712	51 397

表2.20　2006年猪尿N、P、K含量计算表（单位：千克）

猪种	哺乳仔猪	保育仔猪	生长猪	育成猪	育肥猪	杜洛克公猪	杜洛克母猪			长白公猪	长白母猪			大约克公猪	大约克母猪		
饲料品种	教槽料	保育料	生长料	育成料	育肥料	公猪料	空怀料	怀孕料	哺乳料	公猪料	空怀料	怀孕料	哺乳料	公猪料	空怀料	怀孕料	哺乳料
年猪尿量	36 990	61 201	112 802	54 287	42 376	4 442	4 776	12 299	7 152	2 343	1 799	4 774	2 839	2 263	41 668	123 712	51 397
年猪尿 N 含量	1 391	2 307	1 963	597	381	54	64	177	51	29	24	72	21	29	579	1 930	385
年猪尿 P 含量	233	196	169	49	34	8	9	26	7	4	3	10	3	4	83	272	57
年猪尿 K 含量	255	386	654	233	275	30	18	167	48	16	6	68	19	15	146	1 843	344

由表 2.20 可知，猪尿 N、P、K 含量中的 N 含量、P 含量和 K 含量分别如下。

猪尿 N、P、K 含量 V_8（2006）N 含量=1 391+2 307+…+385=10 054 千克，即 10.054 吨。

猪尿 N、P、K 含量 V_8（2006）P 含量=233+196+…+57=1 167 千克，即 1.167 吨。

猪尿 N、P、K 含量 V_8（2006）K 含量=255+386+…+344=4 523 千克，即 4.523 吨。

（9）排污地 N、P、K 污染量 V_9（2006）的计算。

排污地 N 污染量=2005~2006 年猪尿 N 含量之和=10.782 吨。

排污地 P 污染量=2005~2006 年猪尿 P 含量之和=1.271 吨。

排污地 K 污染量=2005~2006 年猪尿 K 含量之和=4.716 吨。

2006 年德邦牧业有限公司的猪出栏 1 451 头；月存栏 1 071 头；获得养殖规模利润为 8.4 万元；固定资产 178 万元；产生猪粪量为 221 吨；猪粪 N、P、K 含量中 N 含量为 5.082 吨，P 含量为 0.876 吨，K 含量为 0.835 吨；出售鲜猪粪量 221 吨，种植和户沼原猪粪使用率达 100%，猪粪利润为 0.836 万元；猪尿量为 567 吨；猪尿 N、P、K 含量中 N 含量为 10.054 吨，P 含量为 1.167 吨，K 含量为 4.523 吨；排污地 N、P、K 污染量中 N 含量为 10.782 吨，P 含量为 1.271 吨，K 含量为 4.716 吨（图 2.7）。

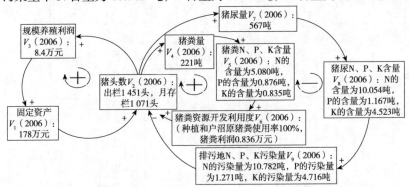

图 2.7 德邦规模养殖生态能源区 2006 年增长制约顶点赋权图 G（2006）

2.2.3 德邦规模养殖生态能源区 2007 年的增长制约顶点赋权图 G（2007）

（1）固定资产 V_1（2007）的计算。

固定资产 V_1（2007）=（2005 年投入固定资产 178 万元+2007 年投入固定资产 32 万元）=210 万元。

（2）猪头数 V_2（2007）的计算。

经实地系统分析，德邦规模养殖场为种猪场，主要从事种猪养殖，且栏中有 17 种猪，其 2007 年 1 月至 12 月存栏猪头数及出栏猪头数见表 2.21 和表 2.22。

表 2.21　2007 年存栏猪头数（单位：头）

猪种	1 月	2 月	3 月	4 月	5 月	6 月	7 月	8 月	9 月	月 10	11 月	12 月
哺乳仔猪	328	326	248	326	328	319	384	375	353	348	336	358
保育仔猪	265	163	284	163	265	165	236	256	325	307	296	325
生长猪	167	268	128	268	167	214	228	216	122	128	168	167
育成猪	175	157	91	157	175	142	96	82	132	91	117	133
育肥猪	94	159	263	159	94	146	95	95	93	163	89	94
杜洛克公猪	2	2	2	2	2	2	2	2	2	2	2	2
杜洛克空怀母猪	2	2	2	1	2	1	1	1	2	1	1	1
杜洛克妊娠母猪	14	13	13	11	11	12	11	11	10	10	9	7
杜洛克哺乳母猪	4	3	3	3	2	2	2	2	2	2	2	2
长白公猪	2	2	2	2	2	2	2	2	2	2	2	2
长白空怀母猪	2	1	2	1	1	1	1	1	1	1	1	1
长白妊娠母猪	4	5	4	4	4	4	4	4	4	4	4	4
长白哺乳母猪	2	2	1	2	2	2	1	1	2	2	2	2
大约克公猪	2	2	2	2	2	2	2	2	2	2	2	2
大约克空怀母猪	21	16	19	18	19	17	17	18	16	17	18	17
大约克妊娠母猪	137	139	134	135	136	137	138	137	136	135	135	134
大约克哺乳母猪	31	34	36	36	34	35	34	33	35	34	33	35
存栏猪总数	1 252	1 294	1 234	1 290	1 246	1 203	1 254	1 238	1 238	1 248	1 216	1 285

资料来源：江西德安德邦牧业有限公司种猪经理张南生提供的实际数据

表 2.22　2007 年出栏猪头数

项目	1 月	2 月	3 月	4 月	5 月	6 月	7 月	8 月	9 月	10 月	11 月	12 月	年出栏
出栏生猪/头	275	299	301	330	319	321	326	369	337	328	317	375	3 897

月均存栏数=表 2.21 中最后一行各数的和取平均数=（1 252+1 294+⋯+1 285）/
12 ≈ 1 250 头。

猪的繁生和出栏使表 2.21 和表 2.22 中存出栏猪头数每月不断变化，这是种猪
公司的一个特点。因此，猪头数 V_1（2007）是表 2.21 和表 2.22 构成的一个复合
数，取年出栏数和月均存栏数综合构成。所以，猪头数 V_2（2007）=（年出栏 3 897
头，月均存栏 1 250 头）。

（3）规模养殖利润 V_3（2007）的计算。

规模养殖出栏利润 V_3（2007）=2007 年出售的苗猪的利润（197 元/头）×2007
年出售的苗猪头数（1 945 头）+2007 年出售的种猪的利润（667 元/头）×2007 年
出售的种猪头数（920 头）+2007 年出售的肉猪的利润（387 元/头）×2007 年出
售的肉猪头数（1 032 头）=140 万元。

（4）猪粪量 V_4（2007）的计算见表 2.23。

猪粪量 V_4（2007）=2 452+17 691+⋯+31 173=277 352 千克≈277 吨。

（5）猪粪 N、P、K 含量 V_5（2007）的计算见表 2.24。

表2.23　2007年猪粪量计算表

猪种 饲料品种	哺乳仔猪 教槽料	保育仔猪 保育料	生长猪 生长料	育成猪 育成料	育肥猪 育肥料	杜洛克公猪 公猪料	杜洛克母猪 空怀母猪 空怀料	杜洛克母猪 妊娠母猪 怀孕料	杜洛克母猪 哺乳母猪 哺乳料	长白公猪 公猪料	长白母猪 空怀母猪 空怀料	长白母猪 妊娠母猪 怀孕料	长白母猪 哺乳母猪 哺乳料	大约克公猪 公猪料	大约克母猪 空怀母猪 空怀料	大约克母猪 妊娠母猪 怀孕料	大约克母猪 哺乳母猪 哺乳料
每天每头猪粪量/千克	0.02	0.19	0.59	1.01	1.28	1.49	1.33	1.22	2.60	1.44	1.30	1.17	2.55	1.38	1.28	1.12	2.50
1月头数/头	328	265	167	175	94	2	2	14	4	2	2	4	2	2	21	137	31
1月猪粪量/千克	203	1 561	3 054	5 479	3 730	92	82	529	322	89	81	145	158	86	833	4 757	2 403
2月头数/头	326	163	268	157	159	2	2	13	3	2	1	5	2	2	16	139	34
2月猪粪量/千克	183	867	4 427	4 440	5 699	83	74	444	218	81	36	164	143	77	573	4 359	2 380
3月头数/头	248	284	128	91	263	2	2	13	3	2	2	4	1	2	19	134	36
3月猪粪量/千克	154	1 673	2 341	2 849	10 436	92	82	492	242	89	81	145	79	86	754	4 652	2 790
4月头数/头	326	163	268	157	159	2	1	11	3	2	1	4	2	2	18	135	36
4月猪粪量/千克	196	929	4 744	4 757	6 106	89	40	403	234	86	39	140	153	83	691	4 536	2 700
5月头数/头	328	265	167	175	94	2	2	11	2	2	2	5	1	2	19	136	34
5月猪粪量/千克	203	1 561	3 054	5 479	3 730	92	82	416	161	89	40	181	79	86	754	4 722	2 635
6月头数/头	319	165	214	142	146	2	1	12	2	2	1	4	2	2	17	137	35
6月猪粪量/千克	191	941	3 788	4 303	5 606	89	40	439	156	86	39	140	153	83	653	4 603	2 625
7月头数/头	384	236	228	96	95	2	1	11	2	2	1	4	1	2	17	138	34
7月猪粪量/千克	238	1 390	4 170	3 006	3 770	92	41	416	161	89	40	145	79	86	675	4 791	2 635
8月头数/头	375	256	216	82	95	2	1	11	2	2	1	4	1	2	18	137	33
8月猪粪量/千克	233	1 508	3 951	2 567	3 770	92	41	416	161	89	40	145	79	86	714	4 757	2 558
9月头数/头	353	325	122	132	93	2	2	10	2	2	1	4	1	2	16	136	35
9月猪粪量/千克	212	1 853	2 159	4 000	3 571	89	80	366	156	86	39	140	77	83	614	4 570	2 625

续表

猪种	哺乳仔猪	保育仔猪	生长猪	育成猪	育肥猪	杜洛克公猪	杜洛克母猪			长白公猪	长白母猪			大约克公猪	大约克母猪		
							空怀母猪	妊娠母猪	哺乳母猪		空怀母猪	妊娠母猪	哺乳母猪		空怀母猪	妊娠母猪	哺乳母猪
饲料品种	教槽料	保育料	生长料	育成料	育肥料	公猪料	空怀料	怀孕料	哺乳料	公猪料	空怀料	怀孕料	哺乳料	公猪料	空怀料	怀孕料	哺乳料
10 月头数/头	348	307	128	91	163	2	1	10	2	2	1	4	1	2	17	135	34
10 月猪粪量/千克	216	1 808	2 341	2 849	6 468	92	41	378	161	89	40	145	79	86	675	4 687	2 635
11 月头数/头	336	296	168	117	89	2	1	9	2	2	1	4	1	2	18	135	33
11 月猪粪量/千克	202	1 687	2 974	3 545	3 418	89	40	329	156	86	39	140	77	83	691	4 536	2 475
12 月头数/头	358	325	167	133	94	2	1	7	2	2	1	4	1	2	17	134	35
12 月猪粪量/千克	222	1 914	3 054	4 164	3 730	92	41	265	161	89	40	145	79	86	675	4 652	2 713
年猪粪量/千克	2 452	17 691	40 058	47 439	60 032	1 088	686	4 893	2 291	1 051	555	1 777	1 234	1 007	8 302	55 623	31 173

表2.24　2007年猪粪N、P、K含量和数值

猪种	哺乳仔猪	保育仔猪	生长猪	育成猪	育肥猪	杜洛克公猪	杜洛克母猪			长白公猪	长白母猪			大约克公猪	大约克母猪		
							空怀母猪	妊娠母猪	哺乳母猪		空怀母猪	妊娠母猪	哺乳母猪		空怀母猪	妊娠母猪	哺乳母猪
饲料品种	教槽料	保育料	生长料	育成料	育肥料	公猪料	空怀料	怀孕料	哺乳料	公猪料	空怀料	怀孕料	哺乳料	公猪料	空怀料	怀孕料	哺乳料
猪粪 N 含量/%	3.36	2.46	1.79	1.42	3.59	3.25	0.83	0.9	2.5	3.25	0.85	0.94	2.5	3.25	0.85	3.14	2.5
猪粪 P 含量/%	0.57	0.54	0.31	0.24	0.34	0.46	0.16	0.18	0.44	0.46	0.17	0.19	0.44	0.46	0.10	0.62	0.44
猪粪 K 含量/%	0.32	0.29	0.27	0.20	0.30	0.31	0.17	0.63	0.31	0.31	0.16	0.66	0.31	0.31	0.16	0.69	0.31
年猪粪量/千克	2 452	17 691	40 058	47 439	60 032	1 088	686	4 893	2 291	1 051	555	1 777	1 234	1 007	8 302	55 623	31 173
年猪粪 N 含量/千克	82	435	717	674	2 155	35	6	44	57	34	5	17	31	33	71	1 747	779
年猪粪 P 含量/千克	14	96	124	114	204	5	1	9	10	5	1	3	5	5	8	345	137
年猪粪 K 含量/千克	8	51	108	95	180	3	1	31	7	3	1	12	4	3	13	384	97

猪粪 N、P、K 含量 V_5（2007）N 含量=82+435+⋯+779=6 922 千克，即 6.922 吨。

猪粪 N、P、K 含量 V_5（2007）P 含量=14+96+⋯+137=1 086 千克，即 1.086 吨。

猪粪 N、P、K 含量 V_5（2007）K 含量=8+51+⋯+97=1 001 千克，即 1.001 吨。

（6）猪粪资源开发利用度 V_6（2007）的计算。

猪粪资源开发利用度 V_6（2007）是一个复合变量，取种植和户用沼气原猪粪使用率和猪粪利润综合构成。

德邦规模养殖场区域内有江苏阳光集团 1 000 亩绿化木苗，其中有桂花树苗 500 亩、杜英树苗 300 亩、石楠树苗 200 亩。周围有万家村和畈上桂家村，有红薯 60 亩、蔬菜 120 亩、水稻 120 亩、鱼塘 20 亩、板栗 60 亩，木苗公司和农户同时将猪粪用于种植，此外，还有农户将猪粪作为户用沼气原料，解决户用沼气原料不足的问题，通过养种和场户双结合，2007 年生产的 277 吨猪粪全部开发利用，所以，种植和户用沼气原猪粪使用率达 100%，2007 年出售鲜猪粪量 277 吨，猪粪价格 32 元/米 ^{3}，故 2007 年猪粪利润 ≈ 0.886 万元，所以，猪粪资源开发利用度 V_6（2007）≈（种植和户沼原猪粪使用率 100%，猪粪利润 0.886 万元）。

（7）猪尿量 V_7（2007）的计算。

与 2007 年猪粪量计算相同，构建 2007 年猪尿量计算表，应用表行对应元素相乘相加法计算 2007 年猪尿量（表 2.25）。

猪尿量 V_7（2007）=42 905+64 247+⋯+66 834=700 037 千克 ≈ 700 吨。

（8）猪尿 N、P、K 含量 V_8（2007）计算。

以下采用表行对应元素相乘相加法计算猪尿 N、P、K 含量和数量（表 2.26）。

猪尿 N、P、K 含量 V_8（2007）N 含量=1 613+2 422+⋯+501=11 383 千克，即 11.383 吨。

猪尿 N、P、K 含量 V_8（2007）P 含量=270+206+⋯+74=1 284 千克，即 1.284 吨。

猪尿 N、P、K 含量 V_8（2007）K 含量=296+405+⋯+448=5 378 千克，即 5.378 吨。

（9）排污地 N、P、K 污染量 V_9（2007）的计算。

排污地 N 污染量=2005~2007 年猪尿 N 含量积累=22.165 吨。

排污地 P 污染量=2005~2007 年猪尿 P 含量积累=2.555 吨。

排污地 K 污染量=2005~2007 年猪尿 K 含量积累=10.094 吨。

2007 年德邦牧业有限公司猪出栏 3 897 头；猪月存栏 1 250 头；获得养殖规模利润为 140 万元；固定资产为 210 万元；产生猪粪量为 277 吨；猪粪 N、P、K 含量中 N 含量为 6.922 吨，P 含量为 1.086 吨，K 含量为 1.001 吨；出售鲜猪粪量 277 吨，种植和户用沼气原猪粪使用率达 100%，猪粪利润 0.886 万元；猪尿量为 700 吨；猪尿 N、P、K 含量中 N 含量为 11.383 吨，P 含量为 1.284 吨，K 含量为 5.378 吨；排污地 N、P、K 污染量中 N 含量为 22.165 吨，P 含量为 2.555 吨，K 含量为 10.094 吨（图 2.8）。

表2.25　2007年猪尿量计算表

猪种	哺乳仔猪	保育仔猪	生长猪	育成猪	育肥猪	杜洛克公猪	杜洛克母猪			长白公猪	长白母猪			大约克公猪	大约克母猪		
							空怀母猪	妊娠母猪	哺乳母猪		空怀母猪	妊娠母猪	哺乳母猪		空怀母猪	妊娠母猪	哺乳母猪
饲料品种	教槽料	保育料	生长料	育成料	育肥料	公猪料	空怀料	怀孕料	哺乳料	公猪料	空怀料	怀孕料	哺乳料	公猪料	空怀料	怀孕料	哺乳料
每天每头猪尿量/千克	0.35	0.69	1.49	2.35	2.89	3.32	3	2.78	5.57	3.21	2.94	2.67	5.46	3.1	2.89	2.57	5.36
1月头数/头	328	265	167	175	94	2	2	14	4	2	2	4	2	2	21	137	31
1月猪尿量/千克	3 559	5 668	7 714	12 749	8 421	206	186	1 207	691	199	182	331	339	192	1 881	10 915	5 151
2月头数/头	326	163	268	157	159	2	2	13	3	2	1	5	2	2	16	139	34
2月猪尿量/千克	3 195	3 149	11 181	10 331	12 866	186	168	1 012	468	180	82	374	306	174	1 295	10 002	5 103
3月头数/头	248	284	128	91	263	2	2	13	3	2	2	4	1	2	19	134	36
3月猪尿量/千克	2 691	6 075	5 912	6 629	23 562	206	186	1 120	518	199	182	331	169	192	1 702	10 676	5 982
4月头数/头	326	163	268	157	159	2	2	11	3	2	1	4	2	2	18	135	36
4月猪尿量/千克	3 423	3 374	11 980	11 069	13 785	199	90	917	501	193	88	320	328	186	1 561	10 409	5 789
5月头数/头	328	265	167	175	94	2	2	11	2	2	1	5	1	2	19	136	34
5月猪尿量/千克	3 559	5 668	7 714	12 749	8 421	206	186	948	345	199	91	414	169	192	1 702	10 835	5 649
6月头数/头	319	165	214	142	146	2	1	12	2	2	1	4	2	2	17	137	35
6月猪尿量/千克	3 350	3 416	9 566	10 011	12 658	199	90	1 001	334	193	88	320	328	186	1 474	10 563	5 628
7月头数/头	384	236	228	96	95	2	1	11	2	2	1	4	1	2	17	138	34
7月猪尿量/千克	4 166	5 048	10 531	6 994	8 511	206	93	948	345	199	91	331	169	192	1 523	10 994	5 649
8月头数/头	375	256	216	82	95	2	1	11	2	2	1	4	1	2	18	137	33
8月猪尿量/千克	4 069	5 476	9 977	5 974	8 511	206	93	948	345	199	91	331	169	192	1 613	10 915	5 483
9月头数/头	353	325	122	132	93	2	2	10	2	2	1	4	1	2	16	136	35
9月猪尿量/千克	3 707	6 728	5 453	9 306	8 063	199	180	834	334	193	88	320	164	186	1 387	10 486	5 628

续表

猪种饲料品种	哺乳仔猪 教槽料	保育仔猪 保育料	生长猪 生长料	育成猪 育成料	育肥猪 育肥料	杜洛克公猪 公猪料	杜洛克母猪 空怀母猪 空怀料	杜洛克母猪 妊娠母猪 怀孕料	杜洛克母猪 哺乳母猪 哺乳料	长白公猪 公猪料	长白母猪 空怀母猪 空怀料	长白母猪 妊娠母猪 怀孕料	长白母猪 哺乳母猪 哺乳料	大约克公猪 公猪料	大约克母猪 空怀母猪 空怀料	大约克母猪 妊娠母猪 怀孕料	大约克母猪 哺乳母猪 哺乳料
10月头数/头	348	307	128	91	163	2	1	10	2	2	1	4	1	2	17	135	34
10月猪尿量/千克	3 776	6 567	5 912	6 629	14 603	206	93	862	345	199	91	331	169	192	1 523	10 755	5 649
11月头数/头	336	296	168	117	89	2	1	9	2	2	1	4	1	2	18	135	33
11月猪尿量/千克	3 528	6 127	7 510	8 249	7 716	199	90	751	334	193	88	320	164	186	1 561	10 409	5 306
12月头数/头	358	325	167	133	94	2	1	7	2	2	1	4	1	2	17	134	35
12月猪尿量/千克	3 884	6 952	7 714	9 689	8 421	206	93	603	345	199	91	331	169	192	1 523	10 676	5 816
年猪尿量/千克	42 905	64 247	101 164	110 377	135 541	2 424	1 548	11 151	4 907	2 343	1 255	4 056	2 643	2 263	18 745	127 634	66 834

表2.26　2007年猪尿N、P、K含量和数值

猪种饲料品种	哺乳仔猪 教槽料	保育仔猪 保育料	生长猪 生长料	育成猪 育成料	育肥猪 育肥料	杜洛克公猪 公猪料	杜洛克母猪 空怀母猪 空怀料	杜洛克母猪 妊娠母猪 怀孕料	杜洛克母猪 哺乳母猪 哺乳料	长白公猪 公猪料	长白母猪 空怀母猪 空怀料	长白母猪 妊娠母猪 怀孕料	长白母猪 哺乳母猪 哺乳料	大约克公猪 公猪料	大约克母猪 空怀母猪 空怀料	大约克母猪 妊娠母猪 怀孕料	大约克母猪 哺乳母猪 哺乳料
猪尿N含量%	3.76	3.77	1.74	1.1	0.9	1.21	1.34	1.44	0.72	1.25	1.36	1.5	0.73	1.29	1.39	1.56	0.75
猪尿P含量%	0.63	0.32	0.15	0.09	0.08	0.17	0.19	0.21	0.1	0.18	0.19	0.21	0.1	0.18	0.2	0.22	0.11
猪尿K含量%	0.69	0.63	0.58	0.43	0.65	0.67	0.37	1.36	0.67	0.67	0.35	1.43	0.67	0.67	0.35	1.49	0.67
年猪尿量/千克	42 905	64 247	101 164	110 377	135 541	2 424	1 548	11 151	4 907	2 343	1 255	4 056	2 643	2 263	18 745	127 634	66 834
年猪尿N含量/千克	1 613	2 422	1 760	1 214	1 220	29	21	161	35	29	17	61	19	29	261	1 991	501
年猪尿P含量/千克	270	206	152	99	108	4	3	23	5	4	2	9	3	4	37	281	74
年猪尿K含量/千克	296	405	587	475	881	16	6	152	33	16	4	58	18	15	66	1 902	448

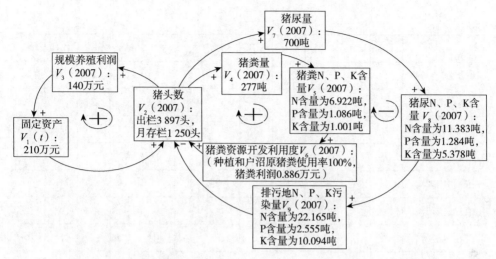

图 2.8　德邦规模养殖生态能源区 2007 年增长制约顶点赋权图 G（2007）

2.2.4　德邦规模养殖生态能源区 2008 年的增长制约顶点赋权图 G（2008）

（1）固定资产 V_1（2008）的计算。

固定资产 V_1（2008）=（2005 年投入固定资产 178 万元+2007 年投入固定资产 32 万元+2008 年投入固定资产 12 万元）=222 万元。

（2）猪头数 V_2（2008）的计算。

经实地系统分析，德邦规模养殖场为种猪场，主要从事种猪养殖，且栏中有 17 种猪，其 2008 年 1 月至 12 月存栏猪头数及出栏猪头数见表 2.27 和表 2.28。

表 2.27　2008 年存栏猪头数（单位：头）

项目	1 月	2 月	3 月	4 月	5 月	6 月	7 月	8 月	9 月	10 月	11 月	12 月
哺乳仔猪	428	326	248	326	328	319	384	375	333	248	326	328
保育仔猪	286	163	284	163	265	165	236	25	265	284	163	265
生长猪	167	268	128	268	167	214	228	216	22	128	268	167
育成猪	175	157	91	157	175	142	96	152	232	91	157	175
育肥猪	94	159	263	159	94	146	95	195	223	263	159	94
杜洛克公猪	2	2	2	2	2	2	2	2	2	2	2	2

续表

项目	1月	2月	3月	4月	5月	6月	7月	8月	9月	10月	11月	12月
杜洛克空怀母猪	1	1	2	1	2	2	2	1	2	2	1	1
杜洛克妊娠母猪	7	7	7	7	7	6	7	7	6	7	7	7
杜洛克哺乳母猪	2	2	2	2	2	2	1	2	2	2	2	2
长白公猪	2	2	2	2	2	2	2	2	2	2	2	2
长白空怀母猪	1	1	1	1	1	1	1	1	1	1	1	1
长白妊娠母猪	4	4	4	4	4	4	4	4	4	4	4	4
长白哺乳母猪	1	1	1	1	1	1	1	1	1	1	1	1
大约克公猪	2	2	2	2	2	2	2	2	2	2	2	2
大约克空怀母猪	28	24	35	24	29	29	35	17	35	31	29	28
大约克妊娠母猪	152	171	180	192	177	198	207	208	196	191	192	192
大约克哺乳母猪	42	37	36	38	42	43	45	40	33	37	37	32
存栏猪总数	1 394	1 327	1 287	1 349	1 299	1 278	1 348	1 250	1 361	1 295	1 353	1 303

资料来源：江西德安德邦牧业有限公司种猪经理张南生提供的实际数据

注：哺乳仔猪——出生后至断奶的小猪；保育仔猪——断奶后至 60~70 日龄的仔猪；生长猪——60~70 日龄至 50 千克的猪；育成猪——50~80 千克的猪；育肥猪——80 千克以上的猪

表 2.28　2008 年出栏猪头数

项目	1月	2月	3月	4月	5月	6月	7月	8月	9月	10月	11月	12月	年出栏
出栏生猪/头	359	383	410	401	407	396	406	403	392	418	405	458	4 838

月均存栏数=表 2.27 中最后一行各数的和取平均数=（1 394+1 327+…+1 303）/ 12 ≈ 1 320 头。

由于猪的繁生和出栏，表 2.27 和表 2.28 中存出栏猪头数每月不断变化，这是种猪公司的一个特点。因此，猪头数 V_2（2008）是由表 2.27 和表 2.28 构成的一个复合数，取年出栏数和月均存栏数综合构成。所以，猪头数 V_2（2008）=（年出栏 4 838 头，月均存栏 1 320 头）。

（3）规模养殖利润 V_3（2008）的计算。

2008 年出售利润计算公式及方法如下。

第一，平均每头出售的苗猪的利润（元）。

苗猪：刚出生的小猪，一直长到 30 千克左右的猪，都称为苗猪。

利润=苗猪的价格（28 元/千克）×平均每头重量（15 千克）+苗猪超重 10 千克×肉猪价（110 元/10 千克）–（平均每头饲料成本（320 元）+平均每头人工成本（24 元）+平均每头水电成本（20 元）+平均每头防疫保健治疗成本（38 元）+平均每头母猪分摊成本（20 元）+平均每头设备折旧平摊成本（10 元））= 98（元/头）。

2008 年苗猪平均每头重量为 19 千克，2008 年每头苗猪出售利润=499 元。

第二，平均每头出售的种猪的利润（元）。

种猪：种猪是指具有繁殖能力并且用来作为种用的猪。

种猪的价格（25 元/千克）×平均每头重量（50 千克）–（平均每头饲料成本（460 元）+平均每头人工成本（24 元）+平均每头水电成本（20 元）+平均每头防疫保健治疗成本（38 元）+平均每头母猪分摊成本（20 元）+平均每头设备折旧平摊成本（10 元）+管理费（40 元））=638（元/头）

2008 年种猪平均每头重量为 50 千克，2008 年每头种猪出售利润=985 元。

第三，平均每头出售的肉猪的利润（元）。

肉猪的价格（11 元/千克）×平均每头重量（110 千克）–（平均每头饲料成本（780 元）+平均每头人工成本（24 元）+平均每头水电成本（20 元）+平均每头防疫保健治疗成本（38 元）+平均每头母猪分摊成本（20 元/头）+平均每头设备折旧平摊成本（10 元）+管理费（40 元））=278（元/头）

2008 年肉猪平均每头重量为 110 千克，2009 年每头肉猪出售利润=821 元。

第四，规模养殖出栏利润 V_3（2008）。

规模养殖出栏利润 V_3（2008）=平均每头出售的苗猪的利润（499 元）×2008 年出售的苗猪头数（2 495 头）+平均每头出售的种猪的利润（985 元）×2008 年出售的种猪头数（1 153 头）+平均每头出售的肉猪的利润（821 元）×2008 年出售的肉猪头数（1 190 头）≈336 万元。

（4）猪粪量 V_4（2008）的计算。

猪粪与饲料品种有关，德邦规模养殖场针对不同猪种不同生长期使用不同品种的饲料，经实测不同猪种不同生长期每天每头粪量（千克）见表 2.29。

表 2.29　2008 年猪粪实测结果

猪种	哺乳仔猪	保育仔猪	生长猪	育成猪	育肥猪	杜洛克公猪	杜洛克母猪		
							空怀母猪	妊娠母猪	哺乳母猪
饲料品种	教槽料	保育料	生长料	育成料	育肥料	公猪料	空怀料	怀孕料	哺乳料
每天每头猪粪量/千克	0.02	0.19	0.59	1.01	1.28	1.49	1.33	1.22	2.60

续表

猪种	长白公猪	长白母猪			大约克公猪	大约克母猪		
		空怀母猪	妊娠母猪	哺乳母猪		空怀母猪	妊娠母猪	哺乳母猪
饲料品种	公猪料	空怀料	怀孕料	哺乳料	公猪料	空怀料	怀孕料	哺乳料
每天每头猪粪量/千克	1.44	1.30	1.17	2.55	1.38	1.28	1.12	2.50

以下采用表行对应元素相乘相加法计算 2008 年猪粪量 V_4（2008）。

第一，将表 2.29 中 17 种猪每天每头粪量（千克）作为第一行。

第二，将年存栏猪头数表 2.30 中 1 月 17 种猪存栏头数作为第二行。

第三，用行对应元素相乘法，将第一行和第二行 17 个元素对应数字相乘，并分别乘 1 月的天数 31 天，构成第三行，第三行的 17 个元素为 1 月 17 种猪的猪粪量（千克）。

第四，以此类推，用行对应元素相乘法，得 2 月至 12 月各月 17 种猪的猪粪量（千克）行。

第五，用行对应元素相加法，将 1 月至 12 月的猪粪量行的各 17 元素分别相加，得 2008 年 17 种猪的猪粪量（千克）行，2008 年猪粪量计算表见表 2.30。

由表 2.30 最后一行 17 个元素相加得 2008 年猪粪量。猪粪量 V_4（2008）= 2 415+14 865+…+35 150=325 262 千克 ≈ 325 吨。

（5）猪粪 N、P、K 含量 V_5（2008）的计算表（表 2.31）。

2008 年猪粪 N 含量=81+366+…+879=8 290 千克，即 8.290 吨。

2008 年猪粪 P 含量=14+80+…+155=1 288 千克，即 1.288 吨。

2008 年猪粪 K 含量=8+43+…+109=1 205 千克，即 1.205 吨。

所以，猪粪 N、P、K 含量 V_5（2008）=N 含量 8.290 吨+P 含量 1.288 吨+K 含量 1.205 吨=10.783 吨。

（6）猪粪资源开发利用度 V_6（2008）的计算。

猪粪资源开发利用度 V_6（2008）是一个复合变量，取种植和户用沼气原猪粪使用率和猪粪利润综合构成。

德邦规模养殖场区域内有江苏阳光集团 1 000 亩绿化木苗，其中有桂花树苗 500 亩、杜英树苗 300 亩、石楠树苗 200 亩。周围有万家村和畈上桂家村，有红薯 60 亩、蔬菜 120 亩、水稻 120 亩、鱼塘 20 亩、板栗 60 亩，木苗公司和农户同时将猪粪用于种植，此外，还有农户将猪粪作为户用沼气原料，解决户用沼气原料不足问题，通过养种和场户双结合，2008 年生产的 325 吨猪粪全部开发利用，所以，种植和户用沼气原猪粪使用率达 100%。

表 2.30　2008 年猪粪便计算表

猪种	哺乳仔猪	保育仔猪	生长猪	育成猪	育肥猪	杜洛克公猪	杜洛克母猪 空怀母猪	杜洛克母猪 妊娠母猪	杜洛克母猪 哺乳母猪	长白公猪	长白母猪 空怀母猪	长白母猪 妊娠母猪	长白母猪 哺乳母猪	大约克公猪	大约克母猪 空怀母猪	大约克母猪 妊娠母猪	大约克母猪 哺乳母猪
饲料品种	教槽料	保育料	生长料	育成料	育肥料	公猪料	空怀料	怀孕料	哺乳料	公猪料	空怀料	怀孕料	哺乳料	公猪料	空怀料	怀孕料	哺乳料
每天每头猪粪量/千克	0.02	0.19	0.59	1.01	1.28	1.49	1.33	1.22	2.60	1.44	1.30	1.17	2.55	1.38	1.28	1.12	2.50
1 月头数/头	428	286	167	175	94	2	1	7	2	2	1	4	1	2	28	152	42
1 月猪粪量/千克	265	1 685	3 054	5 479	3 730	92	41	265	161	89	40	145	79	86	1 111	5 277	3 255
2 月头数/头	326	163	268	157	159	2	1	7	2	2	1	4	1	2	24	171	37
2 月猪粪量/千克	183	867	4 427	4 440	5 699	83	37	239	146	81	36	131	71	77	860	5 363	2 590
3 月头数/头	248	284	128	91	263	2	2	7	1	2	1	4	1	2	35	180	36
3 月猪粪量/千克	154	1 673	2 341	2 849	10 436	92	82	265	81	89	40	145	79	86	1 389	6 250	2 790
4 月头数/头	326	163	268	157	159	2	1	7	2	2	1	4	1	2	24	192	38
4 月猪粪量/千克	196	929	4 744	4 757	6 106	89	40	256	156	86	39	140	77	83	922	6 451	2 850
5 月头数/头	328	265	167	175	94	2	1	7	2	2	1	4	1	2	29	177	42
5 月猪粪量/千克	203	1 561	3 054	5 479	3 730	92	41	265	161	89	40	145	79	86	1 151	6 145	3 255
6 月头数/头	319	165	214	142	146	2	2	6	2	2	1	4	1	2	29	198	43
6 月猪粪量/千克	191	941	3 788	4 303	5 606	89	80	220	156	86	39	140	77	83	1 114	6 653	3 225
7 月头数/头	384	236	228	96	95	2	2	7	2	2	1	4	1	2	35	207	45
7 月猪粪量/千克	238	1 390	4 170	3 006	3 770	92	82	265	81	89	40	145	79	86	1 389	7 187	3 488
8 月头数/头	375	25	216	152	195	2	1	7	2	2	1	4	1	2	17	208	40
8 月猪粪量/千克	233	147	3 951	4 759	7 738	92	41	265	161	89	40	145	79	86	675	7 222	3 100
9 月头数/头	333	265	22	232	223	2	2	6	2	2	1	4	1	2	35	196	33
9 月猪粪量/千克	200	1 511	389	7 030	8 563	89	80	220	156	86	39	140	77	83	1 344	6 586	2 475

续表

猪种	哺乳仔猪	保育仔猪	生长猪	育成猪	育肥猪	杜洛克公猪	杜洛克母猪 空怀母猪	杜洛克母猪 妊娠母猪	杜洛克母猪 哺乳母猪	长白公猪	长白母猪 空怀母猪	长白母猪 妊娠母猪	长白母猪 哺乳母猪	大约克公猪	大约克母猪 空怀母猪	大约克母猪 妊娠母猪	大约克母猪 哺乳母猪
10月头数/头	248	284	128	91	263	2	2	7	1	2	1	4	1	2	31	191	37
10月猪粪量/千克	154	1 673	2 341	2 849	10 436	92	82	265	81	89	40	145	79	86	1 230	6 632	2 868
11月头数/头	326	163	268	157	159	2	1	7	2	2	1	4	1	2	29	192	37
11月猪粪量/千克	196	929	4 744	4 757	6 106	89	40	256	156	86	39	140	77	83	1 114	6 451	2 775
12月头数/头	328	265	167	175	94	2	1	7	2	2	1	4	1	2	28	192	32
12月猪粪量/千克	203	1 561	3 054	5 479	3 730	92	41	265	161	89	40	145	79	86	1 111	6 666	2 480
年猪粪量/千克	2 415	14 865	40 058	55 187	75 648	1 088	689	3 044	1 656	1 051	475	1 708	931	1 007	13 408	76 882	35 150

表2.31　2008年猪粪N、P、K含量和数值

猪种	哺乳仔猪	保育仔猪	生长猪	育成猪	育肥猪	杜洛克公猪	杜洛克母猪 空怀母猪	杜洛克母猪 妊娠母猪	杜洛克母猪 哺乳母猪	长白公猪	长白母猪 空怀母猪	长白母猪 妊娠母猪	长白母猪 哺乳母猪	大约克公猪	大约克母猪 空怀母猪	大约克母猪 妊娠母猪	大约克母猪 哺乳母猪
饲料品种	教槽料	保育料	生长料	育成料	育肥料	公猪料	空怀料	怀孕料	哺乳料	公猪料	空怀料	怀孕料	哺乳料	公猪料	空怀料	怀孕料	哺乳料
猪粪N含量/%	3.36	2.46	1.79	1.42	3.59	3.25	0.83	0.9	2.5	3.25	0.85	0.94	2.5	3.25	0.85	3.14	2.5
猪粪P含量/%	0.57	0.54	0.31	0.24	0.34	0.46	0.16	0.18	0.44	0.46	0.17	0.19	0.44	0.46	0.10	0.62	0.44
猪粪K含量/%	0.32	0.29	0.27	0.20	0.30	0.31	0.17	0.63	0.31	0.31	0.16	0.66	0.31	0.31	0.16	0.69	0.31
年猪粪量/千克	2 415	14 865	40 058	55 187	75 648	1 088	689	3 044	1 656	1 051	475	1 708	931	1 007	13 408	76 882	35 150
年猪粪N含量/千克	81	366	717	784	2 716	35	6	27	41	34	4	16	23	33	114	2 414	879
年猪粪P含量/千克	14	80	124	132	257	5	1	5	7	5	1	3	4	5	13	477	155
年猪粪K含量/千克	8	43	108	110	227	3	1	19	5	3	1	11	3	3	21	530	109

由于 2008 年出售鲜猪粪量 325 吨，猪粪的价格 28 元/米^3，猪粪利润=0.898 万元。所以，猪粪资源开发利用度 V_6（2008）=（种植和户沼原猪粪使用率 100%，猪粪利润 0.898 万元）。

由以上 V_2（2008）、V_4（2008）、V_5（2008）和 V_6（2008），共四个顶点赋权，获得第二个正反馈环顶点值。这四个顶点值刻画德邦规模养殖区通过养种和场户双结合开发猪粪资源建设生态能源区的状况。

（7）猪尿量 V_7（2008）的计算。

猪尿与饲料品种同样有关，经实测不同猪种不同生长期每天每头尿量（千克）见表 2.32。

表 2.32　2008 年猪尿量实测结果

猪种	哺乳仔猪	保育仔猪	生长猪	育成猪	育肥猪	杜洛克公猪	杜洛克母猪		
							空怀母猪	妊娠母猪	哺乳母猪
饲料品种	教槽料	保育料	生长料	育成料	育肥料	公猪料	空怀料	怀孕料	哺乳料
每天每头猪尿量/千克	0.35	0.69	1.49	2.35	2.89	3.32	3	2.78	5.57
猪种	长白公猪	长白母猪			大约克公猪	大约克母猪			
		空怀母猪	妊娠母猪	哺乳母猪		空怀母猪	妊娠母猪	哺乳母猪	
饲料品种	公猪料	空怀料	怀孕料	哺乳料	公猪料	空怀料	怀孕料	哺乳料	
每天每头猪尿量/千克	3.21	2.94	2.67	5.46	3.1	2.89	2.57	5.36	

以下采用表行对应元素相乘相加法计算 2008 年猪尿量。与 2008 年猪粪量计算相同，构建 2008 年猪尿量计算（表 2.33）。

由表 2.33 最后一行可得，猪尿量 V_7（2008）=42 265+53 985+…+75 362=804 704 千克≈804 吨。

（8）猪尿 N、P、K 含量 V_8（2008）的计算。

在南昌大学分析测试中心实测的基础上，又参考王岩于 2004 年发表的《养殖业固体废弃物快速堆肥化处理》一书中第 5 页的内容，进行综合研究，得到 17 种猪的猪尿 N、P、K 的含量（%），见表 2.34。

猪尿 N 含量=1 589+2 035+…+565=12 393 千克，即 12.393 吨。

同理，猪尿 P 含量=266+173+…+83=1 420 千克，即 1.420 吨。

同理，则得 2008 年猪尿 K 含量计算表表 2.16=292+340+…+505=6 365 千克，即 6.365 吨。

表2.33　2008年猪尿量计算

猪种 / 饲料品种	哺乳仔猪 / 教槽料	保育仔猪 / 保育料	生长猪 / 生长料	育成猪 / 育成料	育肥猪 / 育肥料	杜洛克公猪 / 公猪料	杜洛克母猪 空怀母猪 / 空怀料	杜洛克母猪 妊娠母猪 / 怀孕料	杜洛克母猪 哺乳母猪 / 哺乳料	长白公猪 / 公猪料	长白母猪 空怀母猪 / 空怀料	长白母猪 妊娠母猪 / 怀孕料	长白母猪 哺乳母猪 / 哺乳料	大约克公猪 / 公猪料	大约克母猪 空怀母猪 / 空怀料	大约克母猪 妊娠母猪 / 怀孕料	大约克母猪 哺乳母猪 / 哺乳料
每天每头猪尿量/千克	0.35	0.69	1.49	2.35	2.89	3.32	3	2.78	5.57	3.21	2.94	2.67	5.46	3.1	2.89	2.57	5.36
1月头数/头	428	286	167	175	94	2	1	7	2	2	1	4	1	2	28	152	42
1月猪尿量/千克	4 644	6 118	7 714	12 749	8 421	206	93	603	345	199	91	331	169	192	2 509	12 110	6 979
2月头数/头	326	163	268	157	159	2	1	7	2	2	1	4	1	2	24	171	37
2月猪尿量/千克	3 195	3 149	11 181	10 331	12 866	186	84	545	312	180	82	299	153	174	1 942	12 305	5 553
3月头数/头	248	284	128	91	263	2	2	7	1	2	1	4	1	2	35	180	36
3月猪尿量/千克	2 691	6 075	5 912	6 629	23 562	206	186	603	173	199	91	331	169	192	3 136	14 341	5 982
4月头数/头	326	163	268	157	159	2	1	7	2	2	1	4	1	2	24	192	38
4月猪尿量/千克	3 423	3 374	11 980	11 069	13 785	199	90	584	334	193	88	320	164	186	2 081	14 803	6 110
5月头数/头	328	265	167	175	94	2	1	7	2	2	1	4	1	2	29	177	42
5月猪尿量/千克	3 559	5 668	7 714	12 749	8 421	206	93	603	345	199	91	331	169	192	2 598	14 102	6 979
6月头数/头	319	165	214	142	146	2	2	6	2	2	1	4	1	2	29	198	43
6月猪尿量/千克	3 350	3 416	9 566	10 011	12 658	199	180	500	334	193	88	320	164	186	2 514	15 266	6 914
7月头数/头	384	236	228	96	95	2	2	7	1	2	1	4	1	2	35	207	45
7月猪尿量/千克	4 166	5 048	10 531	6 994	8 511	206	186	603	173	199	91	331	169	192	3 136	16 492	7 477
8月头数/头	375	25	216	152	195	2	1	7	2	2	1	4	1	2	17	208	40
8月猪尿量/千克	4 069	535	9 977	11 073	17 470	206	93	603	345	199	91	331	169	192	1 523	16 571	6 646
9月头数/头	333	265	22	232	223	2	2	6	2	2	1	4	1	2	35	196	33
9月猪尿量/千克	3 497	5 486	983	16 356	19 334	199	180	500	334	193	88	320	164	186	3 035	15 112	5 306

续表

猪种	哺乳仔猪	保育仔猪	生长猪	育成猪	育肥猪	杜洛克公猪	杜洛克母猪			长白公猪	长白母猪			大约克公猪	大约克母猪		
							空怀母猪	妊娠母猪	哺乳母猪		空怀母猪	妊娠母猪	哺乳母猪		空怀母猪	妊娠母猪	哺乳母猪
10 月头数/头	248	284	128	91	263	2	2	7	1	2	1	4	1	2	31	191	37
10 月猪尿量/千克	2 691	6 075	5 912	6 629	23 562	206	186	603	173	199	91	331	169	192	2 777	15 217	6 148
11 月头数/头	326	163	268	157	159	2	1	7	2	2	1	4	1	2	29	192	37
11 月猪尿量/千克	3 423	3 374	11 980	11 069	13 785	199	90	584	334	193	88	320	164	186	2 514	14 803	5 950
12 月头数/头	328	265	167	175	94	2	1	7	2	2	1	4	1	2	28	192	32
12 月猪尿量/千克	3 559	5 668	7 714	12 749	8 421	206	93	603	345	199	91	331	169	192	2 509	15 297	5 317
年猪尿量/千克	42 265	53 985	101 164	128 406	170 799	2 424	1 554	6 936	3 548	2 343	1 073	3 898	1 993	2 263	30 273	176 418	75 362

表 2.34　2008 年猪尿 N、P、K 含量和数值

猪种	哺乳仔猪	保育仔猪	生长猪	育成猪	育肥猪	杜洛克公猪	杜洛克母猪			长白公猪	长白母猪			大约克公猪	大约克母猪		
							空怀母猪	妊娠母猪	哺乳母猪		空怀母猪	妊娠母猪	哺乳母猪		空怀母猪	妊娠母猪	哺乳母猪
饲料品种	教槽料	保育料	生长料	育成料	育肥料	公猪料	空怀料	怀孕料	哺乳料	公猪料	空怀料	怀孕料	哺乳料	公猪料	空怀料	怀孕料	哺乳料
猪尿 N 含量/%	3.76	3.77	1.74	1.1	0.9	1.21	1.34	1.44	0.72	1.25	1.36	1.5	0.73	1.29	1.39	1.56	0.75
猪尿 P 含量/%	0.63	0.32	0.15	0.09	0.08	0.17	0.19	0.21	0.1	0.18	0.19	0.21	0.1	0.18	0.2	0.22	0.11
猪尿 K 含量/%	0.69	0.63	0.58	0.43	0.65	0.67	0.37	1.36	0.67	0.67	0.35	1.43	0.67	0.67	0.35	1.49	0.67
年猪尿量/千克	42 265	53 985	101 164	128 406	170 799	2 424	1 554	6 936	3 548	2 343	1 073	3 898	1 993	2 263	30 273	176 418	75 362
年猪尿 N 含量/千克	1 589	2 035	1 760	1 412	1 537	29	21	100	26	29	15	58	15	29	421	2 752	565
年猪尿 P 含量/千克	266	173	152	116	137	4	3	15	4	4	2	8	2	4	61	388	83
年猪尿 K 含量/千克	292	340	587	552	1 110	16	6	94	24	16	4	56	13	15	106	2 629	505

（9）排污地 N、P、K 污染量 V_9（2008）的计算。

由于德邦规模养殖的猪尿四年没有利用，2008 年在原来三年的基础上又增加 N 污染量 12.393 吨，P 污染量 1.420 吨，K 污染量 6.365 吨，四年累加，使排污地 N 污染=34.558 吨，排污地 P 污染=3.975 吨，排污地 K 污染=16.459 吨。

2008 年德邦牧业有限公司出栏 4 838 头；月存栏 1 320 头；获得养殖规模利润为 336 万元；固定资产增加 222 万元；产生猪粪量为 325 吨；猪粪 N、P、K 含量中 N 含量为 8.290 吨，P 含量为 1.288 吨，K 含量为 1.205 吨；种植和户沼原猪粪使用率达 100%，猪粪利润为 0.898 万元；猪尿量为 804 吨；猪尿 N、P、K 含量中 N 的含量为 12.393 吨，P 的含量为 1.420 吨，K 的含量为 6.365 吨；排污地 N、P、K 污染量中 N 含量为 34.558 吨，P 含量为 3.975 吨，K 含量为 16.459 吨（图 2.9）。

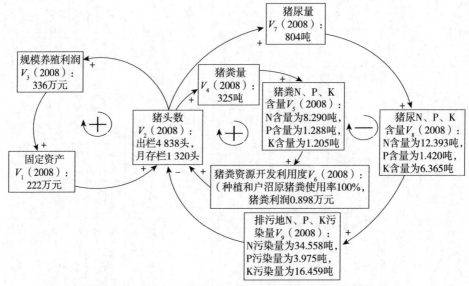

图 2.9　德邦规模养殖生态能源区 2008 年增长制约顶点赋权图 G（2008）

2.2.5　德邦规模养殖生态能源区 2005 年至 2009 年的增长制约顶点赋权图

德邦规模养殖生态能源区 2009 年的成果和问题均从 2005 年开始，经过五年积累形成，为揭示其变化规律，采用 2009 年的增长上限顶点赋权图建立的方法，依次建立 2005~2008 年的四个增长制约顶点赋权图（图 2.5~图 2.9）。

五个顶点赋权图顶点关联度特点如下。

因为在 G（2005）、G（2006）、G（2007）、G（2008）、G（2009）五个顶点赋

权图中每个都含 $V_1(t)$ 至 $V_9(t)$ 九个顶点，其中猪头数 $V_2(t)$ 入弧有 3 条，顶点 $V_2(t)$ 入度 id($V_2(t)$)=3，出弧有 3 条，顶点 $V_2(t)$ 出度 od($V_2(t)$)=3，其他 8 个顶点的入弧与入度各 1 条，入度 id($V_i(t)$)=1、出度 od($V_i(t)$)=1（i=1，3，…，9），所以，猪头数 $V_2(t)$（包含出栏数，月均存栏数）是核心变量中的关键核心变量。

关键核心变量猪头数 $V_2(t)$ 变化产生 2 条增长正反馈环，1 条制约负反馈环。这揭示了规模养殖生态能源区的关键核心是猪的规模养殖。

1. 提出并应用顶点赋权图证明管理对策的正确性

基于反馈环集合与反馈环特性提出系统发展管理对策。

反馈环集合：{规模养殖利润增长正反馈环固定资产 $V_1(t)$ $\xrightarrow{+}$ 猪头数 $V_2(t)$ $\xrightarrow{+}$ 规模养殖利润 $V_3(t)$ $\xrightarrow{+}$ 固定资产 $V_1(t)$，猪粪资源开发利用增长正反馈环猪头数 $V_2(t)$ $\xrightarrow{+}$ 猪粪量 $V_4(t)$ $\xrightarrow{+}$ 猪粪 N、P、K 含量 $V_5(t)$ $\xrightarrow{+}$ 猪粪资源开发利用度 $V_6(t)$ $\xrightarrow{+}$ 猪头数 $V_2(t)$，猪尿污染制约负反馈环 $V_2(t)$ 猪头数 $\xrightarrow{+}$ 猪尿量 $V_7(t)$ $\xrightarrow{+}$ 猪尿 N、P、K 含量 $V_8(t)$ $\xrightarrow{+}$ 排污地 N、P、K 污染量 $V_9(t)$ $\xrightarrow{+}$ $V_2(t)$ 猪头数}。

系统发展反馈环集合由三个反馈环构成及三个反馈环特性，第一个为规模养殖利润增长正反馈环，第二个为猪粪资源开发利用增长正反馈环，第三个为猪尿污染制约负反馈环，在此基础上提出系统发展的三条可持续发展实现规模养种循环与节能减排的管理对策。

管理对策 1，以猪尿为原料，实施沼气工程，并养种结合开发沼液资源。实行管理对策 1，可消除负反馈环制约，开发沼气能源，但必须养种结合，消除沼液二次污染。

管理对策 2，实行养种和场户双结合，进行猪粪资源开发利用，建立和发展生态能源区。实行管理对策 2，可使附近农户和周边拥有 1 000 亩绿化木苗的阳光集团同时利用猪粪种植，促进种植业发展。还有农户购买猪粪作为户用沼气原料，解决户用沼气原料不足的问题，建立和发展生态能源区。

管理对策 3，加大投入，实施规模经营，改变生产方式。实行管理对策 3，是现阶段解决三农问题的一条重要途径。

2. 应用顶点赋权图证明管理对策的正确性

利用制约负反馈环四个顶点在 G(2005)、G(2006)、G(2007)、G(2008)、G(2009)五个顶点赋权图中的变化证明管理对策 1 的正确性。

（1）在规模养殖产业发展中必须实施沼气工程，既开发生物质能源又保护环境，用顶点赋权图证明如下。

在 2005 年的 G（2005）顶点赋权图中，因为负反馈环中顶点猪头数 V_2（2005）中月均存栏为 197 头，猪尿量 V_7（2005）=52.7 吨，排污地 N、P、K 污染量 V_9（2005）中 N 含量只有 0.728 吨，P 含量只有 0.104 吨，K 含量只有 0.193 吨，养猪场近 5 亩排污水塘还是清水塘。

经 1 年反馈后，在 2006 年的 G（2006）顶点赋权图中，因为负反馈环中顶点猪头数 V_2（2006）中月均存栏为 1 071 头，猪尿量 V_7（2006）=567 吨，猪尿中 N 含量为 10.054 吨，P 含量为 1.167 吨，K 含量为 4.523 吨，则猪场近 5 亩的排污水塘承受猪尿量增加到 619.7 吨，N 流入增加到 10.782 吨，P 流入增加到 1.271 吨，K 流入增加到 4.716 吨。N、P、K 浪费且污染环境，清水塘的水因污染开始改变颜色。

经 2 年反馈后，在 2007 年的 G（2007）顶点赋权图中，因为负反馈环中顶点猪头数 V_2（2007）中月均存栏为 1 250 头，猪尿量 V_7（2007）又增加到 700 吨，则猪场近 5 亩排污水塘承受猪尿增加到 1 319.7 吨，N 流入增加到 22.165 吨，P 流入增加到 2.555 吨，K 流入增加到 10.094 吨。N、P、K 浪费且污染环境，清水塘的水因污染颜色改变。

经 3 年反馈后，在 2008 年的 G（2008）顶点赋权图中，因为负反馈环中顶点猪头数 V_2（2008）中月均存栏为 1 320 头，猪尿量 V_7（2008）又增加到 804 吨，则猪场近 5 亩排污水塘承受猪尿量增加到 2 123.7 吨，N 流入增加到 34.558 吨，P 流入增加到 3.975 吨，K 流入增加到 16.459 吨。N、P、K 浪费且污染环境，清水塘的水因污染开始变臭水沟。

经 4 年反馈后，在 2009 年的 G（2009）顶点赋权图中，因为负反馈环中顶点猪头数 V_2（2009）中月均存栏为 1 633 头，猪尿量 V_7（2009）又增加到 1 030 吨，则猪场近 5 亩排污水塘承受猪尿量增加到 3 153.7 吨，N 流入增加到 50.320 吨，P 流入增加到 5.830 吨，K 流入增加到 24.997 吨，其中 N 占 62%，N、P、K 浪费且污染环境，清水塘的水因污染变为臭水沟，使养殖区臭气熏人。

浪费猪尿就是浪费生物质能源，按猪尿产沼气量（立方米）=鲜猪尿量（吨）×3%（干物率）×257.3（米³/吨）（干猪粪产气量）计算，流入猪场近 5 亩排污水塘的猪尿有 3 154 吨，可产沼气量为 3 154 吨×3%（干物率）×257.3（米³/吨）（干猪粪产气量）=24 345.726（立方米）。

按 1 立方米沼气煤当量（千克）=3.131 8 千克计算，24 345.726 立方米的沼气相当产煤 76.246 吨，按 1 立方米沼气薪柴当量（千克）=3.006 千克，24 345.726 立方米的沼气相当薪柴 73.183 吨。可区域内农户仍以砍柴为生活能源，故该区域急需开发新能源。

大量实践也证明，规模养殖建设沼气工程，开发生物质能源，对资源开发，保护山林，促进低碳生态经济的发展，实现污染治理非常有意义。如果规模养殖不建设沼气工程，不开发生物质能源，会产生环境污染，如此猪场附近的农民不会允许，政府不会允许，规模养殖必受制约。

顶点赋权图证明：在规模养殖产业发展中实施沼气工程，既开发生物质能源又保护环境，此对策是正确的。

德邦规模养猪场，2009 年也已开始建设沼气工程，开始实施沼气工程，开发生物质能源，保护环境的管理对策。

（2）规模养殖区必须实行养种和场户双结合，才能建立和发展生态能源区。

养种和场户双结合是规模养殖生态能源区建立和发展的必经之路的顶点赋权图证明如下。

在 2005 年的 G（2005）顶点赋权图中，因为猪粪应用正反馈环中顶点猪头数 V_2（2005）的月均存栏为 197 头，猪粪量 V_4（2005）=23.6 吨，猪粪中 N 含量只有 0.222 吨，P 含量只有 0.029 吨，K 含量只有 0.039 吨，所以，只有区域内江苏阳光集团 1 000 亩绿化木苗中用猪粪浇灌，养种结合，其中有桂花树苗 500 亩、杜英树苗 300 亩、石楠树苗 200 亩，年销鲜粪 V_6（2005）=23.6 吨，促进了种植产业发展，通过养种结合，猪粪使用率达 100%，德邦获得猪场猪粪销售利润 V_6（2005）=0.1 万元。

经 1 年反馈后，在 2006 年的 G（2006）顶点赋权图中，因为猪粪应用正反馈环中顶点猪头数 V_2（2006）的月均存栏为 1 071 头，猪粪量 V_4（2006）增加到 221 吨，猪粪中 N 含量为 5.082 吨，P 含量为 0.876 吨，K 含量为 0.835 吨。所以，区域内江苏阳光集团 1 000 亩绿化木苗中扩大用猪粪浇灌，通过养种结合，猪粪使用率达 100%，促进了种植产业发展，德邦猪场获得猪粪销售猪粪利润 V_6（2006）= 0.836 万元。

经 2 年反馈后，在 2007 年的 G（2007）顶点赋权图中，因为猪粪应用正反馈环中顶点猪头数 V_2（2007）月均存栏为 1 250 头，猪粪量 V_4（2007）又增加到 277 吨，猪粪中 N 含量为 6.922 吨，P 含量为 1.086 吨，K 含量为 1.001 吨。德邦规模养殖场周围有万家村和畈上桂家村，村庄猪场附近有红薯 60 亩、蔬菜 120 亩、水稻 120 亩、鱼塘 20 亩、板栗 60 亩，在区域内江苏阳光集团的带动下，农户和阳光集团开始利用猪粪种植，进一步促进种植产业发展，通过养种和场户双结合，使猪粪使用率达 100%，德邦猪场获得猪粪销售利润 V_6（2007）= 0.886 万元。

经 3 年反馈后，在 2008 年的 G（2008）顶点赋权图中，因为猪粪应用正反馈环中顶点猪头数 V_2（2008）的月均存栏为 1 320 头，猪粪量 V_4（2008）又增加到 325 吨，猪粪中 N 含量为 8.290 吨，P 含量为 1.288 吨，K 含量为 1.205 吨。附近农户和周边拥有 1 000 亩绿化木苗的阳光集团同时使用猪粪种植外，还有农户以猪粪作为户用沼气原料，解决了户用沼气原料不足的问题，种植场户结合范围扩大，通过养种和场户双结合，猪粪使用率达 100%，德邦猪场获得猪粪销售利润 V_6（2008）=0.898 万元。

经 4 年反馈后，在 2009 年的 G（2009）顶点赋权图中，因为猪粪应用正反馈环中顶点猪头数 V_2（2009）的月均存栏为 1 633 头，猪粪量 V_4（2009）又增加到 420 吨，猪粪中 N 含量为 10.701 吨，P 含量为 1.711 吨，K 含量为 1.628 吨。附近农户和周边拥有 1 000 亩绿化木苗的阳光集团同时使用猪粪种植，农户购买猪粪作为户用沼气原料，解决了户用沼气原料不足的问题，种植和场户双结合范围继续扩大，猪粪使用率达 100%，德邦猪场获得猪粪销售利润 V_6（2009）=1.092 万元。

五个顶点赋权图的第二个正反馈环中顶点值证明：养种和场户双结合是规模养殖生态能源区建立和发展的必经之路。养种和场户双结合管理对策有利于开发猪粪生物质资源，发展低碳生态经济，节约化肥；有利于生产有机无公害农产品；有利于消除污染，保护环境；有利于解决户用沼气原料不足的问题；有利于公司和农户和谐环境的建立。因此，应该实施养种和场户双结合，建立和发展规模养殖生态能源区的管理对策。

为此，2010 年德邦规模养殖生态能源区将和德安县政府结合，成立养殖场农户合作社，促进养种和场户双结合的发展。

（3）现阶段必须加大投入，实施规模经营，改变生产方式，才能实现农业增产和农民增收。

现阶段为实现农业增产和农民增收，必须加大投入，实施规模经营，改变生产方式的顶点赋权图证明如下。

在 2005 年的 G（2005）顶点赋权图中，在投入效益正反馈环中，因为德邦猪场投入 178 万元，进行固定资产 V_1（2005）建设，猪头数 V_2（2005）的月均存栏为 197 头，规模养殖开始启动。

经 1 年反馈后，在 2006 年的 G（2006）顶点赋权图中，因为投入效益正反馈环作用，所以，猪头数 V_2（2006）的出栏 1 451 头，月均存栏 1 071 头，规模养殖销售利润 V_3（2006）=8.4 万元。

经 2 年反馈后，在 2007 年的 G（2007）顶点赋权图中，因为正反馈环中固定资产又增加投入 32 万元，固定资产 V_3（2007）=210 万元，猪头数 V_2（2007）的出栏 3 897 头，月均存栏 1 250 头，规模养殖利润 V_3（2007）=140 万元。

经 3 年反馈后，在 2008 年的 G（2008）顶点赋权图中，因为投入效益正反馈环中固定资产投入又增加 12 万元，固定资产 V_1（2008）=222 万元，猪头数 V_2（2008）的出栏 4 838 头，月均存栏 1 320 头，规模养殖利润 V_3（2008）=336 万元。

经 4 年反馈后，在 2009 年的 G（2009）顶点赋权图中，因为投入效益正反馈环中固定资产投入又增加 12 万元，固定资产 V_1（2009）=234 万元，猪头数 V_2（2009）的出栏 8 255 头，月均存栏 1 633 头，规模养殖利润 V_3（2009）=215 万元。

只经过五年，一个农户经营的固定资产达 234 万元，年销售利润达 215 万元，出栏 8 255 头。这揭示了规模经营是一种有效的经营方式，是现阶段解决三农问题的一条重要途径。

五个顶点赋权图的第一个正反馈环中顶点值反馈变化证明：现阶段为实现农业增产和农民增收，应加大投入，实施规模经营，政府应加大政策引导和补贴力度，改变生产经营方式，否则，三农问题很难解决。

2.2.6　顶点赋权图管理对策证明法小结

以江西鄱阳湖九江德邦规模养殖生态能源区规模养种循环节能减排为实例，用系统动力学的顶点赋权图分析方法，通过构建德邦牧业 2005~2009 年的生态能源区的顶点赋权图，对该系统的规模养殖利润，养种和场户双结合，猪粪供应周边种植业和户用沼气原料的正效益，以及猪尿量进行计算和对 N、P、K 肥的累积进行测算，得出系统蕴含的制约反馈环的反馈规律，定量揭示系统发展的两个优势和存在的一个问题，用顶点赋权图证明了有利于规模养殖生态能源区建设的可持续发展的三条管理对策的正确性。建立的德邦牧业的顶点赋权图分析法是有理论和实际意义的系统分析法，且为定量仿真方程的建立提供了借鉴。

2.3　基于顶点赋权图的管理对策实施效应仿真研究

本节基于 2.2 节提出的管理对策运用系统动力学仿真建模法，结合已建立的顶点赋权图的顶点的关键定点变量和变量 2005~2009 年的取值作为建模的变量依据和仿真的历史数据依据，利用 Vensim 软件进行德邦规模养殖生态能源区 2010~2020 年十年情况的模拟仿真，对实际的工作进行理论指导。

2.3.1　德邦牧业规模养殖生态系统管理对策的 SD 仿真模型

1. 基于顶点赋权图顶点变量及管理对策变量建立流位流率系

针对系统发展的问题，提出促进系统可持续发展的三条管理对策：管理对策 1，以猪尿为原料，实施沼气工程，并养种结合开发沼液资源；管理对策 2，实行养种和场户双结合，进行猪粪资源开发利用，建立和发展生态能源区；管理对策 3，加大投入，实施规模经营，改变生产方式。下面进行管理对策实施效应仿真分析研究。

G（2005）顶点赋权图、G（2006）顶点赋权图、G（2007）顶点赋权图、G（2008）顶点赋权图、G（2007）顶点赋权图、G（2009）顶点赋权图建立仿真德邦牧业种猪规模养殖生态系统系统动力学模型的目的是，在顶点赋权图的基础上提出管理对策，验证管理对策对未来工程实施的正确性。研究该生态能源区种猪养殖、户用沼气、沼气量、养殖废弃物生物质能源开发利用及剩余沼液，仿真预测各项对策工程实施后可能出现的各种情景的目的是确保沼气供气稳定、农民增收和环境不受污染。

基于顶点赋权图顶点变量及管理对策建立表 2.35 的流位流率系。

表 2.35　基于顶点赋权图顶点变量及管理对策建立流位流率系

赋权图顶点及对策实施变量	流位变量及对应流率变量与调控参数、增补变量	
猪头数 $V_2(t)$ /头	年出栏 $L_1(t)$ /头	年出栏变化量 $R_1(t)$ /头
	月均存栏 $L_3(t)$ /头	月均存栏年变化量 $R_3(t)$ /头
规模养殖利润 $V_3(t)$ /万元	规模养殖年利润 $L_2(t)$ /万元	规模养殖利润年变化量 $R_2(t)$ /万元
猪尿量 $V_7(t)$ /吨	年猪尿量 $L_4(t)$ /吨	猪尿年变化量 $R_4(t)$ /吨
	场猪尿年产沼气量 $L_5(t)$ /立方米	场猪尿产沼气年变化量 $R_5(t)$ /立方米
猪粪量 $V_4(t)$ /吨	年猪粪量 $L_6(t)$ /吨	猪粪年变化量 $R_6(t)$ /吨
猪粪 N、P、K 含量 $V_5(t)$ /吨	年开发猪粪中的 N 含量 $N_1(t)$ /吨	增补变量
	年开发猪粪中的 P 含量 $P_1(t)$ /吨	
	年开发猪粪中的 K 含量 $K_1(t)$ /吨	
猪粪资源开发利用度 $V_6(t)$	户猪粪年产沼气量 $L_7(t)$ /立方米	户猪粪年产沼气变化量 $R_7(t)$ /立方米
猪尿 N、P、K 含量 $V_8(t)$ /吨	年开发猪尿中的 N 含量 $N_2(t)$ /吨	增补变量
	年开发猪尿中的 P 含量 $P_2(t)$ /吨	
	年开发猪尿中的 K 含量 $K_2(t)$ /吨	

流位流率系：$\{(L_1(t)$（头），$R_1(t)$（头）），$(L_2(t)$（万元），$R_2(t)$（万元）），$(L_3(t)$（头），$R_3(t)$（头）），$(L_4(t)$（吨），$R_4(t)$（吨）），$(L_5(t)$（立方米），$R_5(t)$（立方米）），$(L_6(t)$（吨），$R_6(t)$（吨）），$(L_7(t)$（立方米），$R_7(t)$（立方米）） $\}$。

2. 系统结构的流率基本入树模型的建立

基于调研实际问题与相关分析，建立如图 2.10 所示的 $T_1(t) \sim T_7(t)$ 的系统结构的流率基本入树模型。

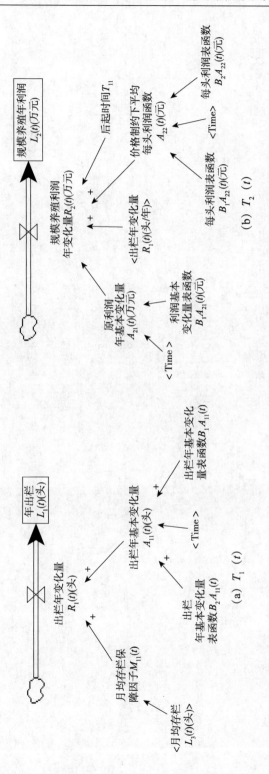

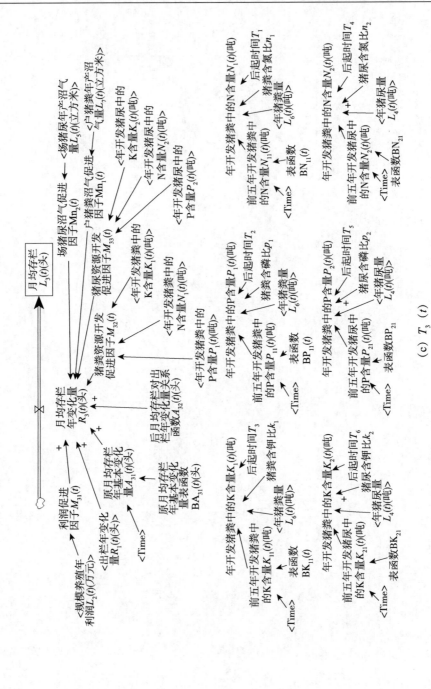

(c) T_3 (t)

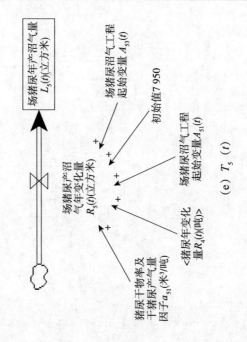

(e) T_5 (t)

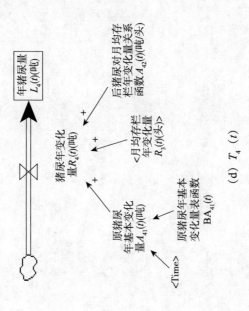

(d) T_4

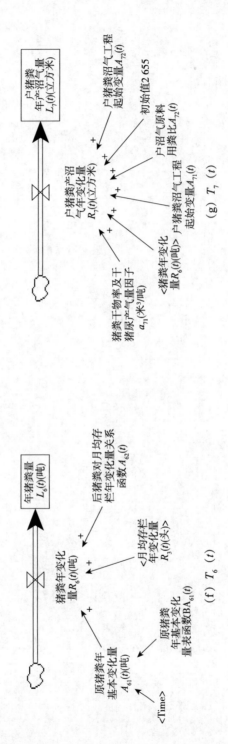

图 2.10　德邦牧业规模养殖生态系统结构率基本入树模型

3. 系统线段性复杂关系分析与仿真方程的建立

（1）年出栏变化量 $R_1(t)$（头）流率基本入树 $T_1(t)$ 中各变量数据如下。

第一，年出栏 $L_1(t)$ 见表 2.36 和表 2.37。

表 2.36　2005~2009 年德邦牧业年出栏头数

年份	2005	2006	2007	2008	2009
年出栏/头	0	1 451	3 897	4 878	8 255

表 2.37　2010~2020 年市场猪价涨落规律和德邦牧业规划的年出栏头数

年份	2010	2011	2012	2013	2014	2015	2016	2017	2018	2019	2020
猪价变化规律	低	涨	涨	跌	跌	低	涨	涨	跌	跌	低
规划数/头	8 285	10 000	12 500	13 700	14 200	14 700	16 728	18 700	20 008	20 018	20 026

2005~2009 年是实际发生的数据，与 2.2 节的顶点赋权图中的顶点值是一致的，而 2016~2020 年是未来的数据，根据德邦规模养殖场的 2016 年和 2020 年规划是年出栏 10 000 头和 20 000 头，再结合养猪市场的猪价波动规律，即五年一个周期低—涨—涨—跌—跌，制定德邦规模养殖数量，即猪价上涨的时候规模扩充就快一些，猪价下跌的时候规模只有微小扩充，甚至不扩充，维持原规模。

第二，出栏年基本变化量 $A_{11}(t)$（头）。

出栏年基本变化量 $A_{11}(t)$（头）=出栏年基本变化量表函数 $B_1A_{11}(t)$+出栏年基本变化量表函数 $B_2A_{11}(t)$。基于五个顶点赋权图的猪头数 $V_2(t)$ 顶点值及猪场发展规划，获得猪头数年基本变化量表函数 $B_1A_{11}(t)$，见表 2.38 和表 2.39。

表 2.38　出栏年基本变化量表函数 $B_1A_{11}(t)$

年份	2005	2006	2007	2008	2009
出栏年基本变化量表函数 $B_1A_{11}(t)$/头	0	1 451	2 446	941	3 417

表 2.39　出栏年基本变化量表函数 $B_2A_{11}(t)$

年份	2010	2011	2012	2013	2014	2015	2016	2017	2018	2019	2020
出栏年基本变化量表函数 $B_2A_{11}(t)$/头	30	1 715	2 500	1 200	500	500	2 028	1 972	1 308	10	8

（2）规模养殖利润年变化量 $R_2(t)$ 流率基本入树 $T_2(t)$ 中各变量数据如下。

第一，规模养殖利润年变化量 $R_2(t)$（万元）=原利润年基本变化量 $A_{21}(t)$（万元）+出栏年变化量 $R_1(t)$（头）×价格制约下平均每头利润函数 $A_{22}(t)$（元）×后起时间 $T_{11}/10\,000$，见表 2.40。

表 2.40　年利润和年利润变化量（单位：万元）

年份	2005	2006	2007	2008	2009	2010
年利润	0	84	140	336	215	215
规模养殖利润年变化量 $R_2(t)$	0	84	56	196	−120	0

第二，原利润年基本变化量 $A_{21}(t)$（万元）=利润基本变量表函数 $B_1A_{21}(t)$。

第三，由五个顶点赋权图规模养殖利润 $V_3(t)$ 的值及生猪规划价格波动规律得表函数 $B_1A_{21}(t)$。

第四，价格制约下平均每头利润函数 $A_{22}(t)$（元）=每头利润表函数 $B_1A_{22}(t)$ +每头利润表函数 $B_2A_{22}(t)$。

第五，每头利润表函数 $B_1A_{22}(t)$，见表 2.41。

表 2.41　每头利润表函数 $B_1A_{22}(t)$

年份	2006	2007	2008	2009	2010	2011	2012	2013	2014	2015
每头利润表函数 $B_1A_{22}(t)$ /元	116	410.8	757.5	321.6	179.8	234.6	251.6	310.9	203.2	162

第六，每头利润表函数 $B_2A_{22}(t)$，见表 2.42。

表 2.42　每头利润表函数 $B_2A_{22}(t)$

年份	2016	2017	2018	2019	2020
每头利润表函数 $B_2A_{22}(t)$ /元	206.5	298.4	153.5	196.2	286.4

第七，后起时间 T_{11}=STEP（1，2009）。

（3）月均存栏年变化量 $R_3(t)$ 流率基本入树 $T_3(t)$ 中各变量数据，见表 2.43。

表 2.43　月均存栏数与年出栏数的历史数据关系分析表

项目	2005 年	2006 年	2007 年	2008 年	2009 年	2006~2009 年年平均	2007~2009 年年平均
年出栏/头	0	1 451	3 897	4 878	8 255	4 620	5 677
月均存栏/头	197	1 071	1 250	1 320	1 633	1 319	1 401
年出栏/月均存栏		1.39	3.13	3.70	5.06	3.50	4.05
月均存栏/年出栏		0.75	0.32	0.27	0.20	0.26	0.25
出栏年变化量/头		1 451	2 446	941	3 417	2 064	2 268
月均存栏年变化量/头		874	179	70	313	359	178
出栏年变化量/月均存栏年变化量		1.66	13.66	13.44	10.92	5.75	12.74
月均存栏年变化量/出栏年变化量		0.60	0.07	0.07	0.09	0.17	0.08

第一，月均存栏年变化量 $R_3(t)$（头）=原月均存栏年基本变化量 $A_{31}(t)$（头）+后月均存栏对出栏年变化量关系函数 $A_{32}(t)$（头）×出栏年变化量 $R_1(t)$（头）×利润促进因子 $M_{31}(t)$×猪粪资源开发促进因子 $M_{32}(t)$×猪尿

资源开发促进因子 $M_{33}(t)$ × 场猪尿沼气促进因子 $Mn_2(t)$ × 户猪粪沼气促进因子 $Mn_1(t)$。

第二，利润促进因子 $M_{31}(t)$ =IF THEN ELSE（"规模养殖年利润 $L_2(t)$（万元）" >-1，1，0.99）。

第三，原月均存栏年基本变化量 $A_{31}(t)$（头）=原月均存栏年基本变化量表函数 $BA_{31}(t)$（头），见表 2.44。

表 2.44 原月均存栏年基本变化量

年份	2006	2007	2008	2009
原月均存栏年基本变化量/头	874	179	70	313

第四，后月均存栏对出栏年变化量关系函数 $A_{32}(t)$ =STEP（0.23，2009）。

由表 2.44 可知月均存栏对出栏年变化量关系函数 $A_{32}(t)$ =STEP（k_3，2009），由表 2.44 可知 $0.07 \leqslant k_3 \leqslant 0.6$，试仿真调控，使其在 2018~2020 年满足年出栏 20 000 头，使月均存栏在 4 300 头以下，取 k =2.2，2020 年月均存栏 4 340 头，为 2020 年年出栏 20 000 头的近 22%，2015 年月存栏为 3 115 头，约为 15 000 头的 21%。符合分析表 2.44 月均存栏与年出栏为 20%~25% 的规律。

这样 2020 年月均存栏 4 340 头是 2009 年 1 633 头的 2.66 倍，高于存栏 2020 年 20 000 头为 2009 年 8 255 头的 2.42 倍。

第五，猪粪资源开发促进因子 $M_{32}(t)$ =IF THEN ELSE（"年开发猪粪中的 N 含量 $N_1(t)$（吨）" >0，1，0.98）+IF THEN ELSE（"年开发猪粪中的 K 含量 $K_1(t)$（吨）" >0，1，0.98）+IF THEN ELSE（"年开发猪粪中的 P 含量 $P_1(t)$（吨）" >0，1，0.98）/3（表 2.45 和表 2.46）。

表 2.45 猪粪、猪尿与月均存栏数关系表

项目	2005 年	2006 年	2007 年	2008 年	2009 年	2007~2009 年平均
月均存栏数/头	197	1 071	1 250	1 320	1 633	1 401
猪粪量/吨	23.6	221	277	325	420	341
猪尿量/吨	52.7	567	700	804	1 030	845
猪粪量/月均存栏数	0.12	0.21	0.22	0.25	0.26	0.24
猪尿量/月均存栏数	0.27	0.53	0.56	0.61	0.63	0.60
月均存栏年变化量/头		874	179	70	313	178
猪粪年变化量/吨		197.4	56	48	95	66
猪尿年变化量/吨		514.3	133	104	226	154
猪粪年变化量/月均存栏年变化量		0.23	0.31	0.69	0.30	0.37
猪尿年变化量/月均存栏年变化量		0.59	0.74	1.49	0.72	0.88

表 2.46　N、P、K 与猪粪、猪尿关系表

项目	2005 年	2006 年	2007 年	2008 年	2009 年	2007~2009 年平均
猪粪量/吨	23.6	221	277	325	420	341
猪尿量/吨	52.7	567	700	804	1030	845
猪粪 N 含量/吨	0.222	5.080	6.921	8.29	10.700	8.64
猪尿 N 含量/吨	0.728	10.056	11.384	12.394	15.761	13.18
猪粪 P 含量/吨	0.029	0.877	1.086	1.289	1.711	1.36
猪尿 P 含量/吨	0.104	1.167	1.284	1.42	1.855	1.52
猪粪 K 含量/吨	0.039	0.835	1.001	1.207	1.628	1.28
猪尿 K 含量/吨	0.193	4.525	5.376	6.364	8.537	6.76
猪粪 N 含量/猪粪量						0.025 34
猪尿 N 含量/猪尿量						0.015 60
猪粪 P 含量/猪粪量						0.003 9
猪尿 P 含量/猪尿量						0.001 79
猪粪 K 含量/猪粪量						0.003 75
猪尿 K 含量/猪尿量						0.008

其一，年开发猪粪中的 K 含量 $K_1(t)$（吨）= 前五年开发猪粪中的 K 含量 $K_{11}(t)$（吨）+年猪粪量 $L_6(t)$（吨）×猪粪含钾比 k_1×后起时间 T_3。

其二，前五年开发猪粪中的 K 含量 $K_{11}(t)$（吨）= 表函数 $BK_{11}(t)$，见表 2.47。

表 2.47　猪粪中的 K 含量 $K_{11}(t)$

年份	2005	2006	2007	2008	2009
猪粪中的 K 含量 $K_{11}(t)$/吨	0.039	0.835	1.001	1.207	1.628

其三，表函数 $BK_{11}(t)$。

其四，猪粪含钾比 k_1=0.003 75。

其五，后起时间 T_3=STEP（1，2010）。

其六，年开发猪粪中的 P 含量 $P_1(t)$（吨）= 前五年开发猪粪中的 P 含量 $P_{11}(t)$（吨）+年猪粪量 $L_6(t)$（吨）×猪粪含磷比 p_1×后起时间 T_2。

其七，前五年开发猪粪中的 P 含量 $P_{11}(t)$（吨）= 表函数 $BP_{11}(t)$，见表 2.48。

表 2.48　猪粪中的 P 含量 $P_{11}(t)$

年份	2005	2006	2007	2008	2009
猪粪中的 P 含量 $P_{11}(t)$/吨	0.029	0.877	1.086	1.289	1.711

其八，表函数 $BP_{11}(t)$。

其九，猪粪含磷比 p_1=0.003 9。

其十，后起时间 T_2=STEP（1，2010）。

其十一，年开发猪粪中的 N 含量 N_1（t）（吨）=前五年开发猪粪中的 N 含量 N_{11}（t）（吨）+年猪粪量 L_6（t）（吨）×猪粪含氮比 n_1×后起时间 T_1。

其十二，前五年开发猪粪中的 N 含量 N_{11}（t）（吨）=表函数 BN_{11}（t），见表 2.49。

表 2.49 猪尿中的 N 含量 N_{11}（t）

年份	2005	2006	2007	2008	2009
猪尿中的 N 含量 N_{11}（t）/吨	0.222	5.080	6.921	8.29	10.700

其十三，表函数 BN_{11}（t）。

其十四，猪粪含氮比 n_1=0.025 34。

其十五，后起时间 T_1=STEP（1，2010）。

第六，猪尿资源开发促进因子 M_{33}（t）= IF THEN ELSE（"年开发猪尿中的 N 含量 N_2（t）（吨）" >0，1，0.98）+IF THEN ELSE（"年开发猪尿中的 K 含量 K_2（t）（吨）">0，1，0.98）+IF THEN ELSE（"年开发猪尿中的 P 含量 P_2（t）（吨）">0，1，0.98）/3。

其一，年开发猪尿中的 K 含量 K_2（t）（吨）=前五年开发猪尿中的 K 含量 K_{21}（t）（吨）+年猪尿量 L_4（t）（吨）×猪尿含钾比 k_2×后起时间 T_6。

其二，前五年开发猪尿中的 K 含量 K_{21}（t）（吨）=表函数 BK_{21}（t），见表 2.50。

表 2.50 猪尿中的 K 含量 K_{21}（t）

年份	2005	2006	2007	2008	2009
猪尿中的 K 含量 K_{21}（t）/吨	0.193	4.525	5.376	6.364	8.537

其三，表函数 BK_{21}（t）。

其四，猪尿含钾比 k_2=0.008。

其五，后起时间 T_6=STEP（1，2010）。

其六，年开发猪尿中的 P 含量 P_2（t）（吨）=前五年开发猪尿中的 P 含量 P_{21}（t）（吨）+年猪尿量 L_4（t）（吨）×猪尿含磷比 p_2×后起时间 T_5。

其七，前五年开发猪尿中的 P 含量 P_{21}（t）（吨）=表函数 BP_{21}（t），见表 2.51。

表 2.51 猪尿中的 P 含量 P_{21}（t）

年份	2005	2006	2007	2008	2009
猪尿中的 P 含量 P_{21}（t）/吨	0.104	1.167	1.284	1.42	1.855

其八，表函数 BP_{21}（t）。

其九，猪尿含磷比 p_2=0.001 79。

其十，后起时间 T_5=STEP（1，2010）。

其十一，年开发猪尿中的 N 含量 N_2（t）（吨）＝前五年开发猪尿中的 N 含量 N_{21}（t）（吨）＋年猪尿量 L_4（t）（吨）×猪尿含氮比 n_2×后起时间 T_4。

其十二，前五年开发猪尿中的 N 含量 $N_{21}(t)$（吨）＝表函数 $BN_{21}(t)$，见表 2.52。

表 2.52　猪尿中的 N 含量 N_{21}（t）

年份	2005	2006	2007	2008	2009
猪尿中的 N 含量 N_{21}（t）/吨	0.728	10.056	11.384	12.394	15.761

其十三，表函数 BN_{21}（t）。

其十四，猪尿含氮比 n_2＝0.015 6。

其十五，后起时间 T_4＝STEP（1，2010）。

第七，户猪粪沼气促进因子 Mn_1（t）＝ IF THEN ELSE（"户猪粪年产沼气量 L_7（t）（立方米）" ＞0，1，0.99）。

第八，场猪尿沼气促进因子 Mn_2（t）＝ IF THEN ELSE（"场猪尿年产沼气量 L_5（t）（立方米）" ＞0，1，0.99）。

（4）猪尿年变化量 R_4（t）流率基本入树 T_4 各变量方程。

第一，猪尿年变化量 R_4（t）（吨/年）＝原猪尿年基本变化量 A_{41}（t）（吨）＋后猪尿对月均存栏年变化量关系函数 A_{42}（t）（吨/头）×月均存栏年变化量 R_3（t）（头）。

第二，原猪尿年基本变化量 A_{41}（t）（吨）＝原猪尿年基本变化量表函数 BA_{41}（t）。

第三，原猪尿年基本变化量表函数 BA_{41}（t），见表 2.53。

表 2.53　原猪尿年基本变化量表函数 BA_{41}（t）

年份	2005	2006	2007	2008	2009	2010
表函数 BA_{41}（t）/吨		514.3	133	104	226	154

第四，后猪尿对月均存栏年变化量关系函数 $A_{42}(t)$（吨/头）＝STEP（0.6，2009）。

后猪尿对月均存栏年变化量关系函数 A_{42}（t）（吨/头）＝STEP（k_4，2009）。

k_4 为调控参数，由猪尿与月均存栏数关系中猪尿年变化量（吨）、月均存栏年变化量（头）可知，0.59≤k_4≤0.88，取 k_4＝0.60，满足 2020 年猪尿为 2009 年的 2.58 倍。

（5）场猪尿产沼气年变化量 R_5（t）（立方米）流率基本入树 T_5 各变量数据如下。

第一，场猪尿产沼气年变化量 R_5（t）（立方米）＝ 猪尿年变化量 R_4（t）（吨）×场猪尿沼气工程起始变量 A_{51}（t）×猪尿干物率及干猪尿产气量因子 a_{51}（米³/吨）＋初始值 7 950×（场猪尿沼气工程起始变量 A_{51}（t）–场猪尿沼气工程起始变量 A_{53}（t））。

第二，猪尿干物率及干猪尿产气量因子 a_{51}（米³/吨）＝ 0.03×257.3。

第三，场猪尿沼气工程起始变量 A_{51}（t）＝STEP（1，2009）。

第四，场猪尿沼气工程起始变量 $A_{53}(t)$ = STEP（1，2010）。

由于 2009 年建沼气工程，2010 年才开始产沼气，所以 2010 年的沼气变化量是 2009 年的猪尿量 1 030（吨）×3%×257.3+2010 年猪尿的变化量×3%×257.3=7 950+2010 年猪尿的变化量×3%×257.3。所以在 2010 年这一年有个阶跃。其余年份为猪尿年变化量 $R_4(t)$（吨）×场猪尿沼气工程起始变量 $A_{51}(t)$×猪尿干物率及干猪尿产气量因子 a_{51}（米³/吨）。

（6）猪粪年变化量 $R_6(t)$（吨）流率基本入树 T_6 各变量数据如下。

第一，猪粪年变化量 $R_6(t)$（吨）= 原猪粪年基本变化量 $A_{61}(t)$（吨）+后猪粪对月均存栏年变化量关系函数 $A_{62}(t)$×月均存栏年变化量 $R_3(t)$（头）。

第二，原猪粪年基本变化量 $A_{61}(t)$（吨）=原猪粪年基本变化量表函数 $BA_{61}(t)$。

第三，原猪粪年基本变化量表函数 $BA_{61}(t)$，见表 2.54。

表 2.54　原猪粪年基本变化量表函数 $BA_{61}(t)$

年份	2005	2006	2007	2008	2009	2010
表函数 $BA_{61}(t)$/吨		197.4	56	48	95	66

第四，后猪粪对月均存栏年变化量关系函数 $A_{62}(t)$ = STEP（0.25，2009）。后猪粪对月均存栏年变化量关系函数 $A_{62}(t)$ = STEP（k_6，2009）。

$0.23 \leqslant k_6 \leqslant 0.37$，实调 k_6=0.25，这样，年猪粪 2020 年为 1 094 吨，为 2009 年 420 吨的 2.6 倍，接近月均存栏 2020 年为 2009 年的 2.66 倍。

（7）户猪粪产沼气年变化量 $R_7(t)$（立方米）流率基本入树 T_7 各变量数据如下。

第一，户猪粪产沼气年变化量 $R_7(t)$（立方米）= 猪粪年变化量 $R_6(t)$（吨）×猪粪干物率及干猪尿产气量因子 a_{71}（米³/吨）×户猪粪沼气工程起始变量 $A_{71}(t)$×户沼气原料用粪比 $A_{72}(t)$+初始值 2 655×（户猪粪沼气工程起始变量 $A_{71}(t)$-户猪粪沼气工程起始变量 $A_{72}(t)$）。

第二，猪粪干物率及干猪尿产气量因子 a_{71}（米³/吨）= 0.18×257.3。

第三，户猪粪沼气工程起始变量 $A_{71}(t)$ = STEP（1，2007）。

第四，户沼气原料用粪比 $A_{72}(t)$ = RAMP（1，2006，2011）×0.1。

第五，初始值 2 655=2007 年猪粪量 277×0.18×257.3×0.2=2 566 立方米。

2.3.2　德邦规模养殖生态系统的反馈仿真分析

1. 德邦规模养殖生态系统结构流图

将七棵流率基本入树中的顶点和弧做并运算，可得等价的仿真流图模型，见图 2.11。

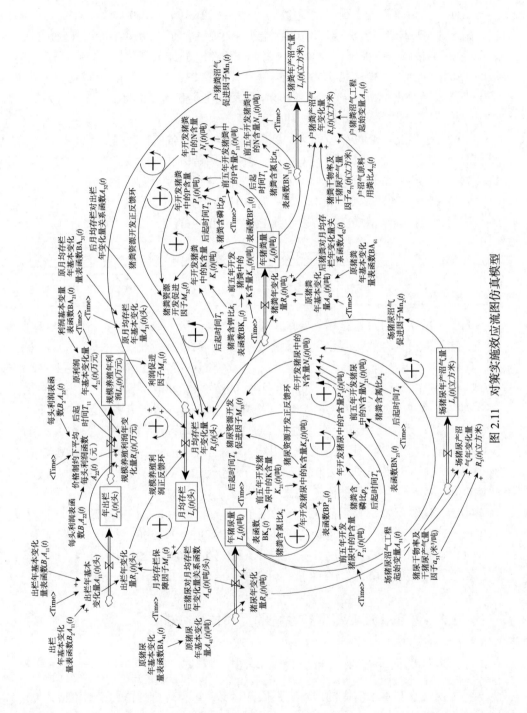

图 2.11 对策实施效应流图仿真模型

2. 系统对策实施的定量仿真分析

用 Vensim DSS 软件对德邦规模养殖生态系统流图模型进行仿真，仿真时间区域设为 2005~2020 年，仿真步长 DT 设为 0.25。下面给出主要的仿真结果。

（1）规模养殖年利润仿真预测结果如下。

农民收入是德邦种猪规模养殖生态系统的重要变量。系统发展的目的首先在于农民增收。了解系统内种猪养殖，沼气能源开发利用对总纯收入的贡献，具有现实意义。所以我们在系统仿真中首先进行农民收入系统发展仿真分析，通过仿真，得出表 2.55 和图 2.12 所示的规模养殖年利润发展曲线和收入结构数据。

表 2.55　2005~2020 年德邦牧业规模养殖年利润及年利润变化量（单位：万元）

年份	2005	2006	2007	2008	2009	2010	2011	2012
规模养殖利润年变化量 $R_2(t)$	0	84	56	197	−120	0.539 28	40.237 3	62.912 5
规模养殖年利润 $L_2(t)$	0	84	140	337	217	217.539	257.777	320.689
年份	2013	2014	2015	2016	2017	2018	2019	2020
规模养殖利润年变化量 $R_2(t)$	37.306 8	10.159 5	8.1	41.880 2	58.834 6	20.083	0.196 16	0.229 088
规模养殖年利润 $L_2(t)$	357.996	368.155	376.255	418.136	476.97	497.053	497.249	497.479

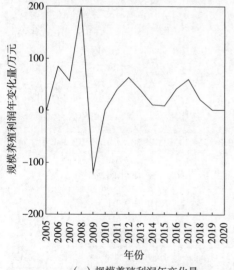

（a）规模养殖利润年变化量

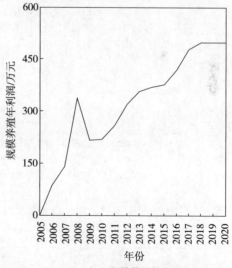

（b）规模养殖年利润

图 2.12　2005~2020 年德邦牧业规模养殖年利润及年利润变化曲线

由表 2.55 和图 2.12 可知：①在 2005~2020 年，种猪规模养殖收入一直是系统农民收入的主体，从 2005 年的 0 达到 2018~2020 年的 497 万元左右。可见，规模养殖在目前和今后一段时期，是农民增收的主要途径。②生态系统管理对策工程的实施,使猪粪和猪尿得到充分有效的利用,促进了规模养殖的良性发展。

（2）年出栏和出栏年变化量仿真预测结果。

由表2.56和图2.13可知,2015年的年出栏14 700头,与仿真的2015年出栏15 000头相差只有300头,较接近实际。而仿真得到的2020年的年出栏20 026头,与仿真的2020年出栏20 000头相差26头,更接近实际。2005~2020年的年出栏量是不断增加的,最后在2018~2020年稳定在20 000头,增长幅度很微小。接近猪场出栏的最大规模。但出栏年变化量是随着价格的高低而呈现增加的快慢变化的,即价格上涨时出栏增加的快,价格下跌时出栏增加的慢。

表 2.56   2005~2020 年德邦牧业年出栏及出栏年变化量（单位：头）

年份	2005	2006	2007	2008	2009	2010	2011	2012
年出栏 $L_1(t)$	0	1 451	3 897	4 838	8 255	8 285	10 000	12 500
出栏年变化量 $R_1(t)$	0	1 451	2 446	941	3 417	30	1 715	2 500
年份	2013	2014	2015	2016	2017	2018	2019	2020
年出栏 $L_1(t)$	13 700	14 200	14 700	16 728	18 700	20 008	20 018	20 026
出栏年变化量 $R_1(t)$	1 200	500	500	2 028	1 972	1 308	10	8

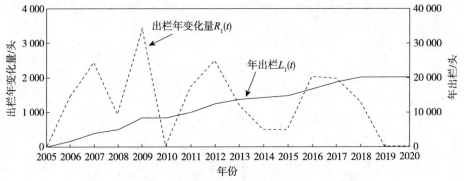

图 2.13   2005~2020 年德邦牧业年出栏及出栏年变化曲线

（3）月均存栏 $L_3(t)$ 仿真预测结果,见表2.57和图2.14。

表 2.57   2005~2020 年德邦牧业月均存栏及月均存栏年变化量（单位：头）

年份	2005	2006	2007	2008	2009	2010	2011	2012
月均存栏 $L_3(t)$	197	1 071	1 250	1 320	1 633	1 640	2 034	2 609
月均存栏年变化量 $R_3(t)$	0	874	179	70	313	7	394	575
年份	2013	2014	2015	2016	2017	2018	2019	2020
月均存栏 $L_3(t)$	2 885	3 000	3 115	3 581	4 035	4 336	4 338	4 340
月均存栏年变化量 $R_3(t)$	276	115	115	466	454	301	2	2

图 2.14　2005~2020 年德邦牧业月均存栏及月均存栏年变化曲线

由表 2.57 和图 2.14 可知，月均存栏从 2005 年至 2017 年是呈波动性上升的，最后稳定在 2017~2020 年的月均存栏 4 300 头左右。而月均存栏的变化量的波动规律与猪价的涨跌变化规律一致的，存在高峰和低谷，也是 5 年为一周期的。最高峰是 2012 年增加 575 头，次高峰是 2016 年的 466 头，平峰是 2005 年、2010 年、2019 年与 2020 年，其余年份只有微量变化。

（4）年猪尿量和猪尿年变化量比较。

由表 2.58 和图 2.15 可知，年猪尿量是随着时间不断累积增加的，猪尿年变化量是波动变化的，波动范围为 0~514.3。

表 2.58　2005~2020 年德邦牧业年猪尿量及猪尿年变化量（单位：吨）

年份	2005	2006	2007	2008	2009	2010	2011	2012
年猪尿量 $L_4(t)$	52.7	567	700	804	1 030	1 034.1	1 270.77	1 615.77
猪尿年变化量 $R_4(t)$	0	514.3	133	104	226	4	236.67	345
年份	2013	2014	2015	2016	2017	2018	2019	2020
年猪尿量 $L_4(t)$	1 781.37	1 850.37	1 919.37	2 199.23	2 471.37	2 651.87	2 653.25	2 654.36
猪尿年变化量 $R_4(t)$	165.6	69	69	279	272	180	1.38	1.104

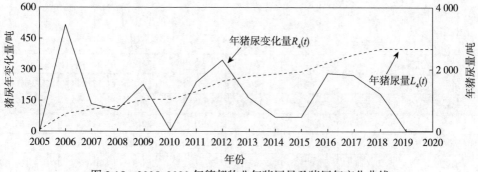

图 2.15　2005~2020 年德邦牧业年猪尿量及猪尿年变化曲线

（5）年猪粪量和猪粪年变化量比较，见表 2.59 和图 2.16。

表 2.59　2005~2020 年德邦牧业年猪粪量及猪粪年变化量（单位：吨）

年份	2005	2006	2007	2008	2009	2010	2011	2012
年猪粪量 $L_6(t)$	23.6	221	277	325	420	421	520	664.07
猪粪年变化量 $R_6(t)$	23.6	197.4	56	48	95	1	99	143
年份	2013	2014	2015	2016	2017	2018	2019	2020
年猪粪量 $L_6(t)$	733	761	790	907	1 020	1 095	1 096	1 096
猪粪年变化量 $R_6(t)$	68	28	29	117	113	75	1	0

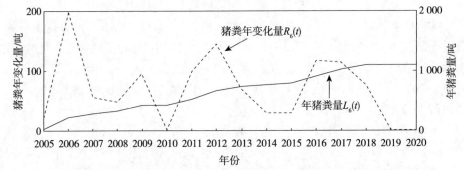

图 2.16　2005~2020 年德邦牧业年猪粪量及猪粪年变化曲线

年猪粪量和年猪尿量的变化趋势是一致的，猪粪和猪尿的年变化量的趋势是一致的，而且与月均存栏数的趋势是一致的。

（6）场猪尿沼气量及年变化量比较。

由表 2.60 和图 2.17 看出，场猪尿年产沼气量是从 2010 年开始实施的，沼气量是波动稳定增加的，由 2010 年的 7 981.64 立方米增加到 2020 年的 20 488.4 立方米，与沼气池的硬件建设相匹配，也较符合实际情况。年产沼气的变化量趋势与月均存栏的变化量趋势相一致，与月均存栏数线性相关，受月均存栏数直接影响。

表 2.60　场猪尿产沼气及年变化量（单位：立方米）

年份	2010	2011	2012	2013	2014	2015
场猪尿产沼气年变化量 $R_5(t)$	0	1 826.86	2 663.05	1 278.27	532.611	532.611
场猪尿年产沼气量 $L_5(t)$	7 981.64	9 808.49	12 471.5	13 749.8	14 282.4	14 815
年份	2016	2017	2018	2019	2020	
场猪尿产沼气年变化量 $R_5(t)$	2 160.27	2 100.62	1 393.31	10.652 2	8.52	
场猪尿年产沼气量 $L_5(t)$	16 975.3	19 075.9	20 469.2	20 479.9	20 488.4	

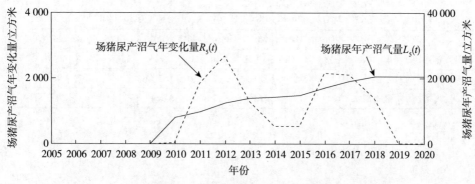

图 2.17　场猪尿产沼气及年变化量

（7）户猪粪产沼气量及年变化量比较。

由表 2.61 和图 2.18 可知，户猪粪年产沼气量是从 2008 年开始的，从 2008 年的 222 立方米，2009 年的 1 102 立方米，户猪粪年产沼气量在起始时间上与场猪尿年产沼气量不同，但整体趋势与其相同。年产沼气的变化量也与月均存栏的变化量相一致，与月均存栏数线性相关，受其直接影响。

表 2.61　户猪粪产沼气及年变化量（单位：立方米）

年份	2005	2006	2007	2008	2009	2010	2011	2012
户猪粪产沼气年变化量 $R_7(t)$	0	0	0	2 877.31	879.966	23.727 8	1 826.86	3 328.82
户猪粪年产沼气量 $L_7(t)$	0	0	0	2 877.31	3 757.27	3 781	5 607.86	8 936.67
年份	2013	2014	2015	2016	2017	2018	2019	2020
户猪粪产沼气年变化量 $R_7(t)$	1 597.83	665.764	665.764	2 700.34	2 625.77	1 741.64	13.315 3	10.652 2
户猪粪年产沼气量 $L_7(t)$	10 534.5	11 200.3	11866	14 566.4	17 192.1	18 933.8	18 947.1	18 957.8

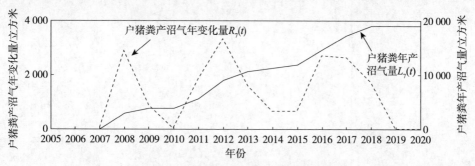

图 2.18　户猪粪产沼气及年变化曲线

（8）实行种养和场户双结合，后 10 年猪粪 N、P、K 资源开发曲线，见表 2.62 和图 2.19。

表 2.62   2011~2020 年开发猪粪中的 N、P、K（单位：吨）

年份	2011	2012	2013	2014	2015	2016	2017	2018	2019	2020
年开发猪粪中的 N 含量 $N_1(t)$	13.18	16.83	18.58	19.30	20.03	22.99	25.86	27.77	27.78	27.79
年开发猪粪中的 P 含量 $P_1(t)$	2.03	2.59	2.86	2.97	3.08	3.54	3.98	4.27	4.28	4.28
年开发猪粪中的 K 含量 $K_1(t)$	1.95	2.49	2.75	2.86	2.96	3.40	3.83	4.11	4.11	4.11

（a）年开发猪粪中的N含量$N_1(t)$

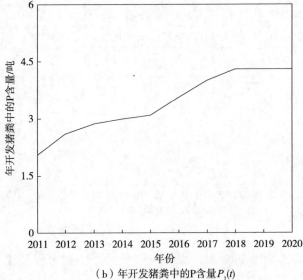

（b）年开发猪粪中的P含量$P_1(t)$

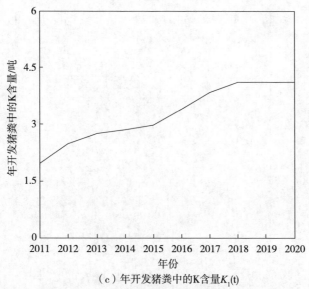

（c）年开发猪粪中的K含量$K_1(t)$

图 2.19　2011~2020 年开发猪粪中的 N、P、K

由表 2.62 和图 2.19 可知，年开发猪粪中的 N、P、K 含量的变化趋势是一样的，随着年限逐年增加，猪粪中的 N 含量由 2011 年的 13.18 吨增加到 2020 年的 27.79 吨；猪粪中的 P 含量由 2011 年的 2.03 吨增加到 2020 年的 4.28 吨；猪粪中的 K 含量由 2011 年的 1.95 吨增加到 2020 年的 4.11 吨。

（9）实行种养和场户双结合，后 10 年猪尿中的 N、P、K 资源开发曲线，见图 2.20。

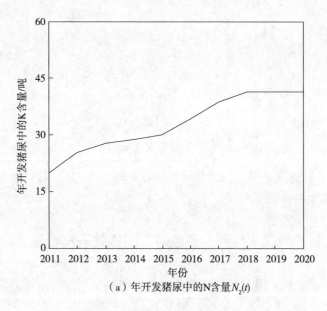

（a）年开发猪尿中的N含量$N_2(t)$

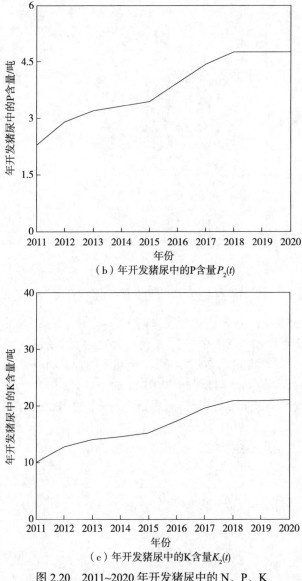

（b）年开发猪尿中的P含量$P_2(t)$

（c）年开发猪尿中的K含量$K_2(t)$

图 2.20　2011~2020 年开发猪尿中的 N、P、K

　　由图 2.20 的仿真结果可知，年开发猪尿中的 N、P、K 含量的变化趋势是一致的，也是逐年累积增加的。

2.3.3　基于顶点赋权图的管理对策实施效应仿真研究小结

　　本节基于三步顶点赋权法的顶点值建立的仿真模型和各变量方程，分别对德邦牧业规模养殖生态系统 2005~2020 年系统实施沼气综合利用、规模养殖和猪粪综合利用三项对策工程前后的系统状况进行情景仿真，定量论证了 2.3 节所制定的管理对策的科学性及实施的必要性。模拟结果同时也揭示猪粪、猪尿的沼气综合利用工程形成循环经济产生经济效益对规模养殖有正向的促进作用，使其为可持续发展提供了环境保障。

　　本节在原有系统动力学顶点赋权图的基础上，新提出并实践了基于顶点赋权图五年各顶点值建立流率基本入树模型，并进行仿真分析，针对基于顶点赋权图所提出的管理对策进行仿真验证，预测了检验对策的科学性。此方法的提出，丰富了系统动力学建模仿真分析理论，同时使模型的建立上升到定量基模分析的高度。这种在几年顶点赋权图分析的基础上提出管理对策，然后通过基模反馈仿真预测分析，对比管理对策实施前后系统发展趋势，从而论证、修改、确定管理对策的定性与定量相结合的管理对策制定思路，充分体现了系统动力学作为社会、经济复杂系统实验室的功能，具有推广价值。

　　仿真证明在联产承包责任制下实行场户结合农业产业规模发展对策的正确性。

第3章 德邦牧业种猪规模养殖生态能源区管理对策实施工程设计与效益

　　厌氧消化技术作为解决畜禽粪便污染的最有效途径之一，近年来得到了快速发展，其具有的潜在社会经济和环境效益得到社会公认[14]。对猪场高浓度的有机废水，利用厌氧消化，能大量地去除其中的可溶性有机物（去除率可达 85%~90%[15]），同时可杀死几乎全部的寄生虫（卵）和有害菌群，削减气态污染物，这是固液分离、沉淀和气浮工艺取代不了的。但是厌氧消化液（沼液）中仍然含有相当数量的有机污染物，仍属高浓度有机废水，若不处理，仍会造成很大的污染。

　　目前，对厌氧消化液的处理工艺研究大多集中于好氧后处理工艺的创新与改进[16]，典型处理工艺主要有厌氧−序批式活性污泥工艺（continually stirred tank reactor saturable bragg reflector，即 CSTR-SBR 工艺）[17]、厌氧−加原水−间歇曝气（即 Anarwia 工艺）、水解−接触氧化、氧化沟和缺氧−好氧法等[18]。这些猪场废水的厌氧−好氧联合处理工艺对那些地处经济发达的大城市近郊、土地紧张且没有足够农田消纳粪便污水或进行自然处理的大型规模养殖场而言，较为适宜，如杭州灯塔养殖总场废水处理工程利用 Anarwia 工艺取得了良好的效果[19]。

　　本书结合南昌大学系统工程研究所与江西德邦牧业有限公司合作开发的生态能源试点项目工程，以循环经济理论为指导，借鉴国内成功的猪场废水厌氧消化液污染治理生态能源模式，将项目所在地小流域的猪场、农田、果园、河流作为一个完整的生态系统，统筹规划，系统治理，把种猪养殖污染治理、保护生态环境、节省污染治理成本与发展小流域经济统一起来，经过一年的实践，研究探索出了"三级沉淀净化+综合利用+成本集约"的生态模式。此模式适合于有一定承载土地，且有充分的农村小流域内大型规模猪场的沼液污染治理。因该模式在治理污染的同时，还能节省成本，实现增收，因而农户愿意效仿实施。

　　德邦牧业有限公司地处江西省德安县高塘乡罗桥村畈上桂村，是江西农业大学 1983 届兽医专业毕业生张南生经五年逐步扩大规模发展而成的 10 000 头种猪养殖场。德邦牧业实行自繁自养，2009 年存栏母猪有 542 头，出栏种猪有 8 255

头。猪舍建在江西省德安县高塘乡罗桥村畈上桂村村民小组的公司养殖场中，面积约 200 亩，公司附近有红薯 60 亩、蔬菜 120 亩、水稻 120 亩、鱼塘 20 亩、板栗 60 亩及周边绿化木苗 1 000 亩。周围有万家村和畈上桂家村，猪场远离村庄 2 000 米。总结以前泰华猪场建设的 270 立方米的小型沼气池，猪粪水的直接污染问题已基本解决。其厌氧发酵产生的沼气虽然通到了敬老院、陶瓷厂，但多余的排入了大气，冬天沼气不足的问题还没有很好地解决，沼液虽然经过三级净化池，使清水和粪水分流，使出水暂时达标，但粪液和粪渣只是更集中在更小的区域内，成年累月地积累，污染范围会更大和更深，甚至会污染深层地下水。如何更彻底地解决污染，使其充分被利用，并解决冬天污染累积在局部区域的问题，使其形成长期稳定的循环生态模式是拟解决的关键问题，此外还要尽可能地降低其污染治理成本。

3.1　管理对策实施工程的总体思路与工艺流程设计

3.1.1　管理对策实施工程的总体思路

1. 创新成果

（1）实施三创建：①创建充分稳定多村联户供气的沼气能源开发新技术；②创建新的沼液多级延迟过滤技术；③创建新的多生物链沼液资源开发利用技术三项污染治理新技术。

（2）该示范基地平均日产沼气 270 立方米，所产沼气用于猪场下方 1.5 千米内新农村试点村及其附近 3 个村 135 家农户供气，不向大气排放。示范工程稳定运行，沼液处理后出水达到《畜禽养殖业污染物排放标准》（GB 18596—2001）或完全利用，即零排放。开发的沼液自然生态处理工艺的运行费用比沼液好氧后处理工艺降低 30%，电耗降低 30% 以上。

2. 项目目标

德邦牧业大型沼气工程项目符合国家能源中长期发展规划，已于 2009 年 12 月立项，项目所在地高塘乡是一个生态农业乡镇，没有工矿业污染，土地资源优势强，项目单位经济实力和项目管理能力强，当地政府高度重视生猪产业和农村能源生态建设。

（1）项目的指导思想：①促进农村清洁和节约型能源开发利用；②改善养殖

场周边环境，村企合作建设新农村；③实现生态养殖，促进节能减排和区域循环经济发展；④发展无公害农产品，有效保证食品安全；⑤降低农业生产成本，促进农民增收。

（2）项目的任务目标：①日处理猪粪 13.2 吨、粪便污水 120 吨。建造沉淀酸化调节池 168 立方米，厌氧发酵池总容积 1 006 立方米及配套设施、装置、设备，符合沼气工程验收标准，土建工程不漏水，厌氧发酵池漏气率＜3%，贮气袋漏气率＜5‰，贮供气系统脱水率＞80%、脱硫率＞90%，系统运行安全性、稳定性好。②年产沼气 9 万立方米，供给养殖场作为生活生产燃料及周边 135 户村民的生活燃料，解决村民的生活用能问题。③年产沼液 3.4 万吨、粪沼渣 0.34 万吨，沼液与部分沼渣提供给养殖场附近 60 亩红薯、120 亩蔬菜、120 亩水稻、20 亩鱼塘（10 亩种植饲草）、60 亩板栗及周边 1 000 亩绿化木苗施肥，大部分粪沼渣经堆肥无害化处理后作为有机肥料出售，达到资源的综合利用。

3.1.2　管理对策实施工程工艺流程

采用福州北环环保技术开发有限公司改进的台湾三段式红泥塑料畜禽污水处理工艺，红泥塑料厌氧发酵工艺的核心技术以农业部发布的农业行业标准（NY/T 1220.1—2006）中《沼气工程技术规范》所推荐的 CSTR-ABR 工艺为基础。该工艺在台湾经过三十多年的发展使用，技术先进，工艺成熟，运行稳定。该工艺目前在内地已成功建成近 200 项沼气工程（图 3.1 和表 3.1）。

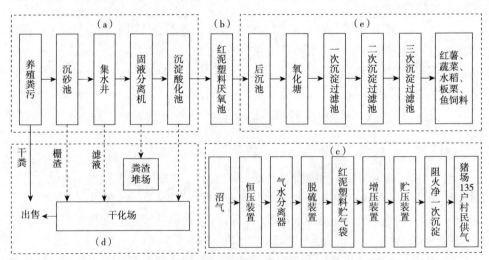

图 3.1　德邦牧业沼气工程工艺流程图

表 3.1 猪场沼气工程模块化系统

序号	名称	规格	面积或体积	单位	数量
1	格栅	25 毫米，15 毫米		道	2
2	沉砂池	1.5 米 × 1.0 米 × 1.0 米	1.5 立方米	口	1
3	集水井	2.0 米 × 2.5 米	5 平方米	口	1
4	固液分离平台	2.4 米 × 2.8 米 × 3.0 米		座	1
5	粪渣堆场	4.0 米 × 5.0 米	20 平方米	座	1
6	沉淀酸化调节池	9.44 米 × 4.5 米 × 3.0 米	127.44 立方米	座	1
7	浮渣干化场	10.39 米 × 2.0 米 × 0.6 米	12.468 立方米	座	1
8	红泥塑料厌氧前槽	3.2 米 × 12.2 米 × 3.0 米	117.12 立方米	座	3
9	红泥塑料厌氧后槽	3.2 米 × 13.3 米 × 3.0 米	127.68 立方米	座	1
10	后沉池	2.0 米 × 13.3 米 × 3.0 米	79.8 立方米	座	1
11	浮渣干化场	1.5 米 × 13.55 米 × 0.6 米	12.195 立方米	座	1
12	升流式渗滤池	1.5 米 × 1.5 米 × 1.2 米	2.7 立方米	口	8
13	污泥浓缩池	1.5 米 × 3.0 米 × 2.5 米	11.25 立方米	座	1
14	贮气袋坪	2.5 米 × 12 米 × 1.2 米	36 立方米	座	2
15	沼气供气房	3.0 米 × 4.0 米 × 3.0 米	36 立方米	座	1

整个猪场沼气工程分为五个模块化的子系统：一是粪污前处理系统；二是沼气池厌氧发酵系统；三是沼气净化供应系统；四是沼液利用系统；五是粪沼渣处理系统。

3.1.3　粪污前处理系统

（1）猪场实行雨污分流。

（2）猪舍实施干清粪工艺，日产日清。

（3）格栅：拦截猪粪污水中长草、较长纤维、毛等杂物。人工定时清理格栅表面杂物。格栅共 2 个，碳钢结构，规格：0.5 米 × 0.5 米，一粗（间隙 25 毫米）一细（间隙 15 毫米）。

（4）沉砂池：沉淀猪粪污水中较大颗粒的砂粒，定期清理。沉砂池有 1.8 立方米，砖混回形结构，规格：1.5 米 × 1.0 米 × 1.0 米，设水流挡板。

（5）集水井：5 平方米，砖混结构，规格 Φ2.0 米 × 2.5 米。集水井用于暂时贮存粪便污水，内部安装搅拌设备一套。污泥提升泵和液位自控装置，暂时贮存污水，保证固液分离机正常运行。

（6）固液分离平台：安装固液分离机的设施 1 座，2.4 米 × 2.8 米 × 3 米，砖混结构，设有避雷装置。

（7）固液分离机：1 台，采用台湾炼盛牌 LK-120 全自动高效固液分离机。每台每小时处理污水量为 40 立方米，配套功率为 5.2 千瓦，脱水后粪渣含水量在

60%~65%，降解污水中悬浮固体浓度、总固体浓度。

（8）粪渣堆场：机械分离出的粪渣装袋的设施，20平方米。

（9）沉淀酸化调节池：容积约151立方米，共1口，砖混结构。利用畜禽污水中容易产生浮渣、沉渣和水解、酸化快的特点，降低污水蒸发残留物（total residue，TS）、污水中悬浮物（suspended solid，SS）浓度，为厌氧发酵做好准备；调节污水水量、水质（温度、浓度、酸碱度），使集中、间歇性进水变成均衡、连续性出水。沉淀酸化区容积约为54立方米，规格为6米×3米×3米，池顶设有浮渣排除装置，底部设有倒锥沉井和污泥排渣管。酸化调节区容积约为97立方米，共3口，每口规格为6米×1.8米×3米，池顶设有浮渣排除装置。上清液通过出口调节器均衡进入后续厌氧装置。浮渣和沉降污泥定期排出，通过污泥管（沟）进入干化场。

与文献[20]不同的有如下几点：

（1）实施干清粪工艺，日产日清，使猪粪的处理解决在源头，既省水，也省了一些沉淀净化的水泥板装置，这是一个创新的改进；而文献[20]只是将猪粪和尿液用水一起冲入下水道变成废水，再将浓的粪渣沉淀下来，实行固液分离。

（2）使用新的机械设备进行有效的全方位的固液分离，如引入集水井、固液分离平台和固液分离机，这是一个创新的改进；而文献[20]中只是将粪渣通过三次沉淀净化池沉淀下来，并没有定期清理。

（3）建立粪渣堆场，切实把固液分离出来，并将其出售到市场上获取经济收入，实现了可持续发展，这是一个创新的改进；而文献[20]中没有这一步骤，没有将其持续充分地利用起来，只是零散地任由农户随意取用，且不收取任何费用。

（4）建设沉淀酸化调节池，解决了浮渣和沉降污泥的问题，使其可以固化成肥料，这是一个创新的改进。

干猪粪和沼渣堆肥处理系统：建堆肥池2个，共500平方米（池深为2.2米，有效容积为800立方米，按200元/米²计算，平均堆沤时间为60~90天），预计耗资100 000元。建除臭装置，面积96平方米容积为164立方米，分两槽建设，按208.33元/米²计算，预计耗资20 000元。

3.1.4　珍珠岩棉除臭法

1. 原理与构造

在农业生产中珍珠岩棉通常作为营养液栽培的基质被广泛采用，这种材料在含水量适当时通气性良好。向这些材料中混入有机物质、微生物和硝态N源等可以制成高活性的除臭材料。该方法的除臭原理见图3.2。

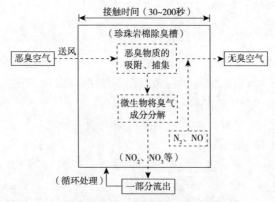

图 3.2　珍珠岩棉除臭法的原理

该材料膨松、密度小（400 千克/米^{3}左右），通气阻抗力只有土壤的 1/5~1/3，使用该材料制作的除臭装置充填高度可以为土壤的 3~5 倍，充填高度可在 2~2.5 米。因此，除臭装置占地面积相对较小。但是，因为该材料保水能力差而容易失水，在使用该材料制作脱臭装置时上部应配有散水管道，散水量一般在每天 20 升/米^{3}左右为宜。装置的下部构造与土壤除臭槽相同。在寒冷地区，为了保温可以建成半地下式的，在空气出口处再设置防风网以防止外界寒风进入除臭槽。

珍珠岩棉材料与土壤相比保水性差，因此需要每天补充水分。但是如果补充的水分多于散失水分量时，就易造成除臭槽下部积水。因此，在建设除臭装置时要留有积水池。由于积水中含有较多 N 元素，所以可以将这些积水取出后散布于除臭材料表面，以补充微生物活动所需的 N 元素营养。

2. 装置的保养与管理

在珍珠岩棉除臭装置中，可以采用循环水方式给除臭槽补充水分，但补给水分时注意不要将尘土、泥沙等带入除臭槽，否则容易造成材料空隙的堵塞。冬季为了防止除臭槽内温度过低，要注意管道及除臭槽的保温。另外，长时间使用后，在除臭材料表面易生长杂草和藻类，造成材料表面结块影响通气性。因此要定时检查并对表面进行疏松处理。

3. 使用上的注意点

（1）珍珠岩棉材料属于无机材料，吸附性能差，因此材料本身的除臭能力很小。在利用这种材料进行除臭时，必须混入一定量的有机物质并进行微生物接种才能起到除臭的效果。

（2）在冬季，保持通入温度较高的空气，微生物才能具有较强的活性，所以冬季应有保温措施。

4. 除臭装置的必要容积及面积的计算

（1）臭气成分。堆肥处理产生的臭气是以 NH_3 为主的混合臭气。NH_3 浓度应进行现场实测。珍珠岩棉除臭槽内送入的 NH_3 浓度应平均在 200 毫克/升以下为宜。如果浓度过高，微生物活动就会受到抑制。

（2）除臭装置送风量。送风量为换气量与通气量之和。换气量标准=换气室容积×换气次数（10 次/小时）。

（3）接触时间（通入的空气通过除臭装置的时间）。珍珠岩棉除臭法中臭气接触时间一般在150~150秒。

（4）珍珠岩棉材料的堆积高度、空气流速和通气阻抗。珍珠岩棉除臭槽内材料的堆积高度宜在 250 厘米以下（初装时），土壤除臭槽内的土壤堆积高度在 60 厘米以下（初装时），在运行中材料会自然下沉10%以下，但不会影响除臭效果。

珍珠岩棉除臭装置内空气的流速在20~25毫米/秒以下，土壤除臭装置内为 5 毫米/秒以下为宜。如果送风机过大则会增加运行成本和扰动除臭材料。

除臭槽下部静止压力（通气阻抗）宜在200~3 000 帕以下。

5. 除臭规模计算公式

（1）除臭装置送风量（米^3/分钟）。

除臭装置送风量=除臭设施容积（立方米）×换气次数（次/小时）÷通气量（米^3/分钟）。

（2）空气流速（毫米/秒）。

空气流速=珍珠岩堆积高（毫米）÷接触时间（秒）或送风量（米^3/分钟）÷除臭装置必要面积（平方米）。

（3）除臭必要面积（平方米）。

除臭必要面积=送风量（米^3/分钟）×1 000÷［风速（毫米/秒）×60］×安全系数=送风量÷风速×16.7×安全系数。

（4）必要容积（立方米）。

必要容积=面积（平方米）×珍珠岩棉除臭材料堆积高（米）。

（5）珍珠岩棉充量（千克）。

珍珠岩棉充量=珍珠岩棉密度（千克/米^3）×必要容积（立方米）。

（6）送风内径计算方法。

送风内径=送风管横断面积（平方米）=设定送风量（米^3/秒）÷设定风速（米/秒）。

通风管内设定的风速在 10~15 米/秒以下为宜。如果风速过大，送风管道内的压力损失就大。另外，送风管道应尽量减少弯曲，以减少送风压力损失。

（7）安全系数。

为了应付臭气成分浓度的波动，除臭装置的必要容积应适当增加，一般增加 10%比较适宜，见表 3.2。

表 3.2　通气型堆肥舍方式进行堆肥时珍珠岩棉除臭装置规模的计算

项目			单位	计算值	计算基础
设计长件	除臭对象	种类			
		面积	平方米	96	
		容积	立方米	164	
	送风机	换气量	米^3/分钟		
		通气量	米^3/分钟		
		合计	米^3/分钟		
	臭气浓度（NH$_3$）		10^{-6}		
	接触时间		秒		
	除臭材料堆积高		米		
	槽内空气流速		毫米/秒		
	除臭槽	面积	平方米		
		容积	立方米		
	装置体积		立方米		
	除臭材料量		立方米		
	送风机管内径		毫米		
	送风机		型号		

3.1.5　粪尿污水厌氧发酵工艺流程说明

红泥塑料厌氧处理系统是畜禽粪污水处理沼气工程的核心部分，污水在厌氧条件下通过微生物作用降解转化，达到污水的减量化、资源化与无害化的目的。该工艺池体设计采用农业部发布的农业行业标准（NY/T 1220.1—2006）中《沼气工程技术规范》所推荐的 CSTR-ABR（anaerobic baffled reactor，即厌氧折流板反应器）的工艺。

（1）厌氧前槽为高负荷和中负荷区，采用 CSTR 结构。根据厌氧进水的高悬浮物浓度和高有机浓度，前槽采用多池并联进水，实现较合理的容积负荷；池底部均设置沼气搅拌装置，使高浓度的有机废水在前槽形成完全混合的状态，实现较好的污水降解效果。前槽池底设计成斜底，并在末端设置浮渣槽和排浮渣口，这样，厌氧消化过程中形成的沉渣通过斜底排到浮渣槽，最终转化成浮渣，方便从排浮渣槽口排出，在达到降解污水浓度的同时，又实现降低厌氧后槽负荷的目的。

厌氧前槽有效容积 375 立方米、半地埋式砖混结构，共 3 组，每组规格 3.2 米 × 12.2 米 × 3.5 米（有效水深为 3.2 米）。进口设有布水管道，底部为倾斜结构，出口设排泥槽。拱顶采用红泥塑料厌氧覆皮，规格为 3 米 × 12 米 × 1 米。拱顶采用外水封。每组安装水封装置和厌氧覆皮沼气引出管各一套。

（2）厌氧后槽为低负荷区，采用多级串联的 ABR 结构。厌氧后槽每级连接处均设有上下折流管，污水流动沿程形成上下折流，使污水中有机物与厌氧微生物充分接触，提高有机物的分解；并且在后槽可形成沉淀性能良好、活性高的厌氧颗粒污泥，可维持较多的生物量；保证较好的出水效果。

有效容积 544 立方米、半地埋式砖混结构，共 4 组，每组规格 3.2 米 × 13.3 米 × 3.5 米（有效水深为 3.2 米），平底，后槽进口设有布水管道。拱顶采用红泥塑料厌氧覆皮，规格为 3 米 × 13.1 米 × 1 米。拱顶采用外水封。每组安装水封装置和厌氧覆皮沼气引出管各一套。

（3）沼气搅拌装置：在厌氧前槽底部均设计了搅拌曝气管，采用压力气体间歇搅拌的方法（搅拌气体为沼气），较好地解决了沼渣沉淤、沼液分层、沼气释放等问题并提高了厌氧菌活性，达到了提高厌氧发酵效果的目的。

（4）保温大棚：600 平方米，是一种简易实用的保护地栽培设施，其建造容易、使用方便、投资较少，可充分利用太阳能，冬季具有一定的保温作用。通过改变和调节大棚内的温度，使沼气工程在冬季也能取得好的产气效果。

3.1.6　沼液、沼渣综合利用系统

1. 后沉池

后沉池有效容积 63.8 立方米，砖混结构，1.5 米 × 13.3 米 × 3.5 米（有效水深为 3.2 米，按 300 元/米³ 计算，预计耗资 20 947.5 元），底部设有倒锥沉井和污泥排渣管，利用沉降性能特点，分离沼液、沼渣。用肥时可直接提取沼液作为红薯、蔬菜、水稻、鱼塘、板栗的液体肥料。

2. 氧化塘

氧化塘为三级氧化塘，容积为 2 400 立方米，深度在 1.0~1.5 米，贮存多余沼液。购增氧机 3 台及塘改造费用为 20 000 元。种植黑麦草，将黑麦草用到 20 亩养鱼塘中养鱼。用肥时可直接提取沼液作为红薯、蔬菜、水稻、鱼塘、板栗的液

体肥料。不用肥时,通过藻菌共生系统进一步净化水质,然后回收到 20 亩养鱼塘中养鱼。

3. 田间贮液池和密封输液管道

建密封输液管道 1 900 米和田间三级贮液池 3 个共 810 立方米及施肥设施。自有红薯 60 亩、蔬菜 120 亩、水稻 120 亩、鱼塘 20 亩、板栗 60 亩。多余供给周边江苏阳光集团 1 000 亩绿化木苗。建密封输液管道 1 900 米,内径 35 厘米,按每米 50 元计算,预计耗资 95 000 元。田间三级贮液池 810 立方米(有效储液深度 1 米),按每平方米 200 元计算,预计耗资 162 000 元。

4. 输送到户用沼气和养蚕用

王家村共有户用沼气 50 户,5 个村,共计 300 户,户用沼气 6 立方米,每次需用猪粪 1.7 立方米,1 次/2 月,如用东风沼气服务车 1 次可运输 3 立方米,2 户可共用 1 车,1 车运费 50 元,平均 1 月 1 户 12.5 元,可供 4 人使用一个月。技工需用 1 小时。或者将猪粪做成干粪装袋由农民骑摩托车自行装回,运费为 0,只需支付 10 元的装车费和包装费即可。冬季可采用塑料密封保温,增加产气量。

送沼液的量、时间和收入的情况如下。

(1)进料年消纳沼液量:300 户户用沼气每年可消纳沼液 1.7 立方米×300 户×6 次=3 060 立方米。

(2)1 辆东风沼气车 2 个月 1 次的进料需用 300 户×1 小时/2=150 小时;按 1 天工作 8 小时计算需 18.75 天/次。全年共需要天数 18.75 天/次×6 次=112.5 天。

(3)可获得年收入为 25 元/户×300 户×6 次/年=4.5 万元,农民 1 年需支出 25 元/2 月×12 月=150 元。

(4)换料:1 年换 1 次料出液量为沼气池容量的 1/2 到 2/3,达到 4~5 立方米,可用沼气车进行换料,收费 30 元,10 分钟/户。1 天抽取 20 户,收费 600 元。300 户需要抽取 15 天。共收入 30×300=9 000 元。

(5)每月出液:6 立方米的沼气池为保证正常产气每月出液 1~2 次,每次出液 100 千克左右,收费 10 元,每次 5 分钟。每天 40 户,需用 7.5 天,每年需用时 90 天。可收入 10×300×12=3.6 万元。农民年付费为 10 元/月×12 月=120 元。

每户农民需付年费用=150+30+120=300 元,每月平均 25 元。

东风沼气服务车共收入=4.5+0.9+3.6=9 万元,成本占收入的比例为 1/3,则净赚 6 万元,比车的成本 7 万元少 1 万元,1 年多 1 点就可以赚回来,只需用时 112.5+15+90=217.5 天。

(6)抽取的沼液沼渣是发酵的优质鱼饲料,3 立方米的沼液沼渣售价为 60

元，同等的鱼饲料起码需要 200 多元。

（7）沼液沼渣是优质高效的有机肥，是种植茶叶、林果、蔬菜最好的肥料。如果出售给茶叶、林果、蔬菜种植户，折合化肥，每车可卖 150 元左右。

（8）空余时间还可以给城市里的公共厕所清除粪便，每车 500 元。

沼气池由国家出资修建，沼气灶具和沼气电饭煲和软管都已安装，不存在其他安装费用。但经实地调查，沼气池使用情况不理想，主要是由于村民的旧习惯，对沼气池的维护知识缺乏，填料方法不正确，清除污泥和运费的解决不利。还有原料的来源不是很方便，对使用过程中出现的问题没有得到及时有效的解决，90% 的沼气池没有发挥应有的效用。

通过这一项目的实施，可以有效解决原料的定期供应和租车运费的合理分摊问题，为户用沼气的充分使用做出成功的示范。

3.1.7　沼气净化利用系统

沼气用红泥塑料贮气袋贮存，配套自动排水器、恒压装置、脱硫装置、沼气增压装置、阻火净化分配器。贮气袋用防风网固定，沼气通过沼气输送管网输送给该场作为生活生产燃料及周边 135 户村民的生活燃料。

（1）沼气供气房有 12 立方米，沼气卸压房有 6 立方米。按 700 元/米^{3}计算，预计耗资 12 600 元。

（2）红泥塑料贮气袋：体积为 150 立方米，共 2 个，每个 75 立方米。预计耗资 40 000 元。规格 ZQD- Φ3 米 × 10.5 米。安装沼气进出气软管 2 套，固定防风网 2 套。配套自动排水器、恒压脱硫装置、沼气增压装置、阻火净化分配器等设备共计 70 000 元。然后用 PVC（氯乙烯单体）或 PE（聚乙烯）管和塑料软管输送供应该场作为生活生产燃料及周边 135 户村民的生活燃料。

第一阶段供气是供应畈上王家村村民小组 31 户居民和万家村村民小组 21 户居民，共计 52 户居民，德邦牧业公司相当于 10 户居民，该公司远离村庄 2 000 米。

畈上王家村，共有 31 户农户，农业人口 124 人，耕地面积 150 亩，山地面积 55 亩，水田 40 亩，旱地 30 亩，2008 年全村农民人均纯收入为 4 425 元，2009 年被列为市县共建新农村点。

该村民风淳朴，村容整洁。原畈上王村地处"十年九淹"之地，1998 年移民建镇建立新村，紧依昌九高速，呈带形分布，现村落规划整齐有致，全村公路等基础设施已具初貌。该村土地平整、肥沃，设施齐备，村民生产生活较为便利。该村主导产业以种植棉花为主，生产水稻为辅，全村无集体经济，青壮年村民大多在外务工、经商。

集中供气输送进村入户材料合计 98 463 元。

（3）贮气袋坪：面积为 88 平方米，砖混结构，共 2 口，每口规格为 12.5 米 ×
3.5 米。按 150 元/米³ 计算，预计耗资 13 125 元。

3.1.8　粪沼渣处理系统

（1）浮渣干化场 I：面积约为 25.35 平方米，共 1 口，每口规格为 10.14 米 ×
2.5 米 × 0.6 米，按每平方米 120 元计算，预计耗资 3 042 元。

（2）浮渣干化场 II：面积约为 13.55 平方米，共 1 口，规格为 13.55 米 ×
1 米 × 0.6 米，按每平方米 150 元计算，预计耗资 2 032.5 元。

3.1.9　工艺技术主要特点

与国内现行的工艺技术比较，该工艺技术的主要特点如下：

（1）采用的台湾炼盛牌全自动固液分离机，全部采用不锈钢和防腐工程材
料。滤网采用水切楔型网（间隙为 0.30~0.45 毫米），并配有齿轮式逆向清洗机构。
启动、过滤、压滤、中间洗网、停机洗网为全自动控制，故障率低，可露天作业，
实现无人值守。工程采用处理污水量为 40 吨/小时全自动固液分离机，配套功率
5.2 千瓦。脱水后粪渣含水率在 60%~65%。

（2）采用大型双工位大功率高周波熔接机加工红泥塑料厌氧覆皮和红泥塑
料贮气袋，解决传统手工焊接工艺操作过程中脱焊、漏焊、虚焊的不足，焊缝强
度明显提高。

（3）红泥塑料耐腐蚀、抗老化，气密性好，吸热性能优。红泥塑料厌氧覆皮
厌氧池能充分利用太阳能，加热池内污水，提高发酵温度，从而提高了发酵速率、
降解率和产气率。

（4）发酵前槽采用 CSTR 结构，采用多池并联进水，底部为斜井结构，厌
氧前厢产生的大量污泥可通过厌氧前槽及时排除或回流至入水口与原水混合，提
升厌氧效果，同时减少厌氧后槽的污泥量，解决了厌氧后槽排泥的问题。在厌氧
前槽底部布搅拌曝气管，采用气体间歇搅拌的方法（搅拌气体为沼气），提高了厌
氧发酵效果，较好地解决了沉淀污泥的问题。发酵后槽采用多级串联的 ABR 结
构，整体采用折流板反应器结构，布水合理，容积利用率高，实现各池厌氧活性
污泥菌群优化、均匀分布、抗毒性强。厌氧发酵效果稳定，沼气质量好，运行费
用低。

（5）红泥塑料厌氧槽系卧式半地下砖混结构，构造简单，池壁由底面至侧面

三道钢砼圈梁，保证了池体的侧压强度，地基施工采用五层施工法，以上合理的设计、严格的建材质量检验和认真的现场施工监理，保证了池体的建设质量和使用寿命。红泥塑料厌氧覆皮气密性好，安装、拆卸容易，减轻了常规地埋式沼气工程混凝土浇筑池体，特别是密封层施工的难度和强度，省工省时。

（6）对台湾传统红泥塑料厌氧发酵装置中的覆皮支撑骨架进行改造，利用厌氧发酵产生的沼气（设计沼气拱起相对压力 350 帕），自动鼓起红泥塑料厌氧覆皮；利用恒压装置稳定厌氧池池内的沼气压力，从而实现红泥塑料厌氧发酵装置无骨架设计，降低成本。

2007 年的冬季，武汉逢 50 年一遇的大雪低温天气，江夏刚强畜牧公司红泥塑料厌氧覆皮虽无内骨架支撑，依靠设计的水封、恒压装置，既保持了覆皮正常拱起的沼气压力，又使覆皮表面未产生积雪现象。厌氧覆皮与厌氧池体侧壁采用不锈钢挂钩固定安装（设计外水封时，厌氧覆皮与水封槽挂钩固定安装），在广东、福建这些沿海地区使用，经台风天气考验，证明使用安全可靠。

（7）沼气净、贮、供气系统由红泥塑料贮气袋和气水分离器、脱硫装置、卸压装置等组成；配套供气系统由增压装置、贮压装置、阻火净化分配器等构成。红泥塑料贮气袋重量轻，可折叠，运输方便，安装拆卸容易，可按用户需要量身定制；存放无特别要求，施工容易，使用不受地域和气温（严寒）影响。系统属低压干式柔性贮气（沼气贮气相对压力 300 帕），低压脱硫、高压脱水净化，恒压运行，调节用气性能好，实现贮、供气系统自动控制，安全可靠。

贮气袋安装设计专门的槽型贮气袋坪，上部采用防风网固定，在广东、福建这些沿海地区使用，经台风天气考验，证明使用安全可靠。

（8）针对畜禽污水特点，在常规沉砂池前部增设一个水流挡板，污水与挡板发生冲击，形成漩流，流速降低，达到颗粒物快速沉降的效果。沉淀调节池采用多级沉淀，独立设计自流式浮渣排除装置、位差式沉渣排除装置、无动力均衡出水装置。

（9）工程部分结构、材料和设备实现专业化、系列化、产业化生产，商品化程度高。养殖场沼气工程土建部分工期短、施工简便、管理方便，有利于规模化推广，产业化发展。

3.2   管理对策实施工程基本建设投资预算

管理对策实施工程基本建设投资预算中项目建设总投资为 68 万元，见表 3.3~表 3.6。

表 3.3　项目总投资估算及资金来源表（单位：万元）

序号	建设内容	投资费用
一	工程建设费	51.00
1	土建工程	17.70
2	田间工程	25.7
3	附属工程	0.47
4	仪器设备购置	17.14
4.1	沼气工程设备	7.29
4.2	集中供气设备	9.85
4.3	其他设备	0.00
二	工程建设其他费用	4.0
1	勘察设计费	1.5
2	施工指导费	0.4
3	监理费	0.5
4	建设单位管理费	1.5
三	基本预备费	3
四	项目建设总投资	68.0
五	资金来源　上级拨付资金	20.0
	建设单位自筹资金	48.0

表 3.4　单项工程综合投资估算

序号	建设内容	建设性质	结构形式或规格尺寸	单位	数量	单位造价/元	合计/万元
一	土建工程						17.70
0	堆肥池	新建	2×100 米×2.5 米×2.2 米	立方米	500	200	10.00
1	沼气供气房	新建	3 米×4 米×3 米	立方米	12	700	0.84
2	沼气卸压房	新建	2 米×3 米×3 米	立方米	6	700	0.42
3	贮气袋坪	新建	2×3.5 米×12 米	立方米	88	220	1.94
4	后沉池	新建	2.0 米×13.3 米×3.0 米	立方米	70	300	2.10
5	氧化塘改造			立方米	2 400	10	2.40
二	田间工程						25.70
1	田间三级贮液池	新建		立方米	810	200	16.20
2	密封输液管	新建		立方米	1 900	50	9.50
三	附属工程						0.47
1	浮渣干化场 Ⅰ	新建	10.9 米×2.0 米×0.6 米	立方米	25.35	120	0.304
2	浮渣干化场 Ⅱ	新建	13.55 米×1.5 米×0.6 米	立方米	13.55	120	0.162 6

表 3.5　项目仪器设备投资估算表

序号	设备名称	规格型号	单位	数量	单价/元	合计/万元
一	沼气净化设备					7.29
1	沼气气水分离器	QS-200/800	套	1	2 100	0.21
2	沼气脱硫装置	TL-300	套	1	13 000	1.3
3	安全卸压装置	XY-300	套	1	1 600	0.16
4	贮气袋安全控制装置	ZAK-Φ3	套	1	1 100	0.11
5	贮气袋进出气软管	ZQG-2000	套	2	550	0.11
6	沼气增压装置	ZY-150	台	1	20 000	2
7	沼气贮压装置	GQ-1000/2	个	1	9 000	0.9
8	阻火净化分配器	ZJF-426/50A	套	2	9 500	1.9
10	PVC 管及阀门Ⅲ	全套	套	1	6 000	0.6
二	沼气集中供气					9.846 3
1	沼气输配管网	全套	套	1	30 963	3.096 3
2	沼气用具及仪表		套	135	500	6.750 0
三	其他					0
1						
2						

表 3.6　集中供气输送进村入户材料表

项目	规格/毫米	材质	价格	单位	数量	金额/元
主管道	Φ50	PE 管	5.56	元/米	1 500	8 340
支管道	Φ32	PE 管	3.3	元/米	1 500	4 950
入户管道	Φ20	PE 管	2.74	元/米	2 700	7 398
进村减压阀			2000	元/台	3	6 000
入户沼气用具			500	元/套	135	67 500
主管道阀门			30	元/个	3	90
支管道阀门			15	元/个	9	135
入户管道阀门			10	元/个	135	1 350
进户炉灶软管			2.5	元/米	1 080	2 700
合计						98 463

3.3　沼气能源综合利用工程设计

3.3.1　采用一种新型材料——红泥塑料装置的净化利用系统

沼气用红泥塑料贮气袋贮存,配套自动排水器、恒压装置、脱硫装置、沼气增压装置、阻火净化分配器。贮气袋用防风网固定,沼气通过沼气输送管网输送给该场作为生活生产燃料及周边 135 户村民的生活燃料（图 3.3）。

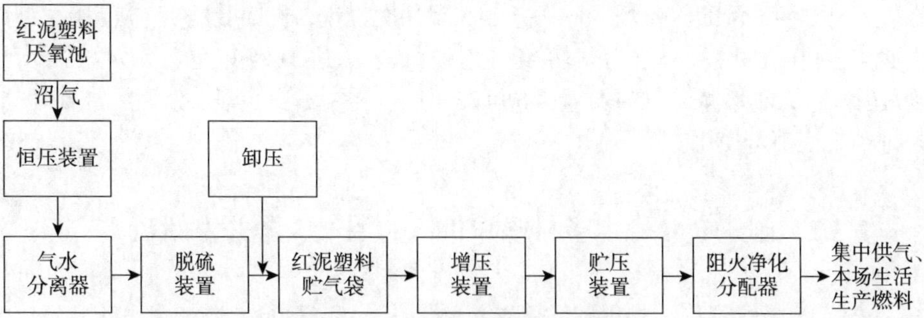

图 3.3 红泥塑料装置净化系统

采用大型双工位大功率高周波熔接机加工红泥塑料厌氧覆皮和红泥塑料贮气袋，解决传统手工焊接工艺操作过程中脱焊、漏焊、虚焊的不足，焊缝强度明显提高。

采用红泥塑料贮气袋贮存和红泥塑料厌氧池工艺处理猪场养殖污水，处理后水质可以达到国家畜禽污水排放标准，并且沼气产生量大，具有运行稳定，效果好、费用低的特点。

该工艺采用斜板式固液分离，分离效果好，筛出的固形物含水率低，经挤压后含水率可达 65% 以下，可直接进行堆肥处理。

红泥塑料是一种新型材料，其耐腐蚀、抗老化，气密性好，吸热性能优，可用于制作厌氧池覆皮及沼气储袋。红泥塑料吸热性好，能充分利用太阳能，加热池内污水，池体内部温度较高，且保温性能好，发酵温度可达 35℃ 以上，处于中温发酵，可以缩短发酵周期，使产气率高、运行稳定。

红泥塑料厌氧池为该工艺的主体构筑物，采用地下式砖砼结构，池顶为拱形红泥塑料覆皮。利用中温发酵去除大部分的有机物质，并产生大量沼气。沼气从红泥塑料覆皮顶部通过管道排出，在池体旁边设有水封、脱硫、恒压供气装置，经过处理后的沼气进入红泥塑料贮气袋贮存，然后再经过沼气增压设备供用户使用。

覆皮式罩的特点：①能有效利用太阳能，吸热、保温性能佳，厌氧发酵效果好；②有机物降解效率高，特别适用于处理高浓度有机废水；③滞留期短，池溶小，比常规厌氧池小 30%，总体投资成本低；④结构简单，安装、拆卸容易，维修、搬迁、清池方便；⑤使用大型高周波熔接机（功率为 35 千瓦）熔接，使用寿命长（达 10 年以上）。

"北环牌"红泥塑料贮气袋的特点：①造价低，2 个 75 立方米，共 150 立方米，规格 ZQD-Φ3 米 × 10.5 米，耗资 4 万元。比文献[20]中贮气量 200 立方米普通水泥钢罩贮气罐的造价 20 万元，低 16 万元，低 80%。②安装、拆卸容易，维修、搬迁方便（可随养殖场一同搬迁，实现一次投资，长期受益）。③使用大型高周波熔接机（功率为 35 千瓦）熔接，使用寿命长（达 10 年以上）。④可根据产气量、用气量大小增减贮气袋数量。⑤可按照用户需要量身定制，大型污水处理站、农村小户型都可使用。

3.3.2　创建充分稳定多村联户供气的沼气能源开发新技术

（1）为了达到稳定的供气，首先是要气压稳定。因此，增加了恒压装置、气水分离器、卸压、增压和贮压装置，使气压稳定在一个状态下。

（2）为了使多余和减少的气量可调节，增加了贮气袋。这使沼气的量可调节，而且并不增加太多的成本。

（3）为了使沼气不受冬天气温低的影响，一方面可以采用新型材料，即红泥塑料。它能有效利用太阳能，吸热、保温性能佳，厌氧发酵效果好。另一方面，可以给大棚保温。面积为 600 平方米，是一种简易实用的保护地栽培设施，其建造容易、使用方便、投资较少，可充分利用太阳能，在冬季具有一定的保温作用。可以通过改变和调节大棚内的温度，使沼气工程在冬季也能取得好的产气效果。

（4）为了使各个用户获得的气量比较均匀，可以使用阻火净化分配器。

（5）为使用沼气的用户不用冬夏切换使用煤和沼气，只使用沼气，能源区限制了供应的户数，仅将沼气供应给周边 135 户居民作为生活燃料。

3.4　沼液的后处理和综合利用工程设计

沼液的后处理和综合利用是德邦牧业有限公司污染治理的重要部分。其中后处理工程设计为"三次沉淀过滤+专用沼液管道"，见图 3.4。工程主体由三个沉淀过滤池构成，第一个一级延迟过滤好氧储存池距沼气池 300 米，沼液经种植黑麦草等喂鱼后排入一次沉淀过滤池，该池长度为 15 米，宽度为 15 米，深度为 1.2 米，容积为 270 立方米，池体为砖混结构，建于地下，上盖水泥板。沼液由地下管道从高地沼气池流入一级延迟过滤好氧储存池。进行延迟过滤好氧处理。为提高净化效果，池体设计由水泥板隔成为 8 格，人为地增加沼液流动的阻力，增长其流经的路径，以延长水力停留时间。

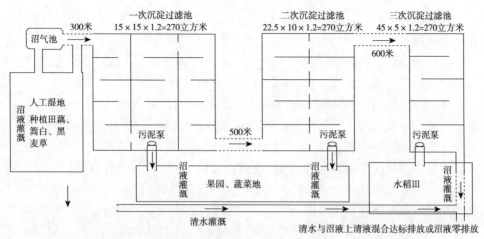

图 3.4 沼液分流三级延迟过滤自然流好氧处理储存工程工艺流程图

根据延迟函数原理,设计过滤池数内柜板和出液口深度参数。沼液以一级池(简)沼液 1/3 的流率从地势高的一级池流入地势低的二级延迟过滤好氧储存池,同时,以 1/3 的流率从一级池取 N、P、K 等流入二级池。

二级延迟过滤好氧储存池后建有与灌溉用水并行的专用沼液管道,经一次沉淀过滤净化后的沼液,沿沼液管道流入二次净化池(图 3.4 中二次沉淀过滤池)。第二净化池依地形而建,距第一净化池直线距离为 500 米,池体为砖混结构,长 22.5 米,宽 10 米,深 1.2 米,容积为 270 立方米,无盖,由水泥板隔成为 5 格,相当于对沼液依次进行了 5 次过滤净化。沼液以二级池沼液 1/3 的流率从地势高的二级池流入地势低的三级延迟过滤好氧储存池,同时,以从 1/3 的流率从二级池取 N、P、K 等流入三级池。

三级延迟过滤好氧储存池距第二净化池直线距离为 600 米(图 3.4 中三次沉淀过滤池),两池间同样用专用沼液管道连接。池体为砖混结构,长度为 45 米,宽度为 5 米,深度为 1.2 米,容积为 270 立方米,由水泥板隔成 5 格,对沼液 5 次过滤净化。同理,根据延迟函数原理,设计过滤池数内柜板和出液口深度参数。沼液以三级池沼液 1/3 的流率从地势高的三级池流出,同时,以 1/3 的流率从三级池取 N、P、K 等流出再外排。据测定该池出水中化学需氧量 COD_{cr}、氨氮 NH_3—N 和 P 的浓度已达《畜禽养殖业污染物排放标准》,排出水沿途仍可供果园、蔬菜地、水稻田灌溉,之后与排灌清水合流。这样既保证了流域内耕地用肥的需求,又使流域内流出的水不给下游环境造成污染,做到养殖废水的"内部消化"。

每一个沉淀过滤池都配有一个污泥泵,并依地势而建,分别将沼液灌溉果园、蔬菜地和水稻田。

根据沼液分流三级延迟过滤自然流好氧处理储存工程，创建了新三项沼液自然生态处理技术：

（1）创建了新的沼液三级延迟过滤技术。运用美国 Jay W. Forrester 教授的系统动力学三阶物质延迟函数理论，实现了有效生物过滤。

（2）创建了新的沼液自然流好氧处理技术。利用南方山丘区为坡度地形条件，设计沼液自然流又有数内柜板的三级过滤池，实现有效沼液好氧功能。

（3）创建了新的沼液分流三级储存利用技术。由生猪沼液数和地形、种植需要，设计了直线距离为 346 米，容积为 805 立方米的三个过滤储存池，过滤池储存工程有两大功能效益：一是，实现沼液三级过滤储存，为公司和家庭联产承包责任制下区域内各农户，种植选时选量选用沼液资源创造了条件。二是，沼液与灌溉用水分流，为公司和家庭联产承包责任制下区域内农户，选时选量选沼液施肥，选水灌溉种水稻创造了条件。

氧化塘：在 1 000 平方米的氧化池塘中用三台增氧机处理部分沼液上清液，然后回收到 20 亩养鱼塘中用于养鱼。

田间贮液池和密封输液管道：建密封输液管道 1 900 米和三个共 810 立方米的田间三级贮液池及施肥设施。设置调配池（根据作物品种、土壤状况、生长季节或掺水稀释或加微量元素等进行科学施肥），利用沼液灌溉土地 380 亩（其中，红薯 60 亩、蔬菜 120 亩、水稻 120 亩、鱼塘 20 亩、板栗 60 亩）。多余供给周边江苏阳光集团 10 000 亩的绿化木苗。

3.5　对策实施沼气工程的效益分析

3.5.1　对策实施工程的经济效益

（1）年产沼气 7 981 立方米，用做职工生活、生产燃料及周边 135 户农户的生活燃料。按沼气价格 1 元/米 ^{3}，销售率 70%计算，年收入为 5 587 元。

（2）年产粪沼渣 421 吨，每吨售价 26 元，销售率为 100%，则年销售收入为 1.09 万元。

（3）年产沼液 1 034 吨，每吨售价 8 元，销售率为 70%，则年销售收入为 5 790 元。

（4）年运行收入：5 587+1.09×10 000+5 790=22 277 元≈2.23 万元。

（5）间接经济效益：组建实施五大养种生物链模式生产效益估算。实现沼液生态达标处理，必须运用五大养种生物链生产工程技术模式，发展农业生物质能产业。该项目利用南昌大学系统工程研究所贾仁安教授创建的新四项沼液自然生态处理技术，建立养种"猪-沼-稻"、"猪-沼-菜"、"猪-沼-红薯生物质饲料"、"猪-沼-鱼饲料"和"猪-沼-果"五个生物链的沼液 N、P、K 等资源高值综合利用生态系统。沼液生态处理出水达标。

1. 猪-沼-稻工程效益

养种生物链生产工程技术一：基于沼液与灌溉用水分流三级延迟过滤自然流好氧处理储存工程，开发了"猪-沼-稻"养种生物链工程技术。

沼液与灌溉用水分流三级延迟过滤自然流好氧处理储存利用工程中沼液管道长达 1 000 米，沼液与灌溉用水分流。沼液可供沿途农田灌溉，区域内农户可选时选量利用沼液施肥，可选时选量进行排灌水农田灌溉。为解决区域内 120 亩农田水稻青苗减产问题，可利用沼肥进行种植，生产无公害绿色水稻产品，保证从 2009 年开始，沼液与灌溉用水分流三级净化工程区域内，可利用沼肥种植的水稻年年增产。预期可实现每亩节约购肥料费用 200 元，增产 110 千克，共可增产节支约 400 元，总计使农民增收 48 000 元。

2. 猪-沼-菜工程效益

养种生物链生产工程技术二：基于沼液分流延迟过滤好氧处理三级储存，运用生态平衡原理，开发了"猪-沼-蔬菜"养种生物链工程技术，"猪-沼液-旱地蔬菜"养种生物链工程技术，生产无公害绿色蔬菜产品。

对德邦种猪场沼气工程系统建设而言，由于消纳沼液的农田的严重不足以及水稻种植用肥的季节性（中部地区水稻单季种植，农田冬闲近七个月），可能造成二次污染。二次污染的后果是农业生态环境恶化、系统内及下游水体富营养化，甚至危及饮用水安全，与农户纠纷冲突不断，制约着养殖规模的扩大。为消除这一制约因素，基于已实现沼液三级延迟储存，运用生态平衡原理，提高系统内土地资源利用效率，与多目标优化理论结合，实行冬闲田与山旱地沼液蔬菜等经济作物（土豆、油菜、玉米、小麦、花生等）种植的生态工程，促进养殖业和种植业一体化发展，实现新的生态平衡。

2009 年，村民用沼液种植油菜 120 亩，产量为 190 千克/亩，共产油菜 22 800 千克，利润收入为 250 元/亩，共计 30 000 元。更重要的是种植油菜可使用沼液 25 吨/(亩·年)，共计 3 000 吨/年，非常有利于实现规模养殖、优化环境的目标。

冬闲田沼液蔬菜种植食品为无公害绿色食品，具有很强的市场竞争力，效益更佳。

3. 猪-沼-红薯生物质饲料工程效益

养种生物链生产工程技术三：基于已实现的沼液三级延迟过滤好氧处理三级储存，开发了"猪-沼-红薯生物质饲料"养种生物链工程技术。

运用循环经济原理开发山旱地利用沼液实施红薯种植工程，生产生物质饲料，进行高品质的无公害绿色生猪生产，2009 年江西省德邦牧业有限公司种猪场计划开发山丘荒地，利用沼液，实施红薯种植 60 亩，产量为 2 100 千克/亩，生产高品质的生物质饲料为 126 000 千克，用于饲喂种猪，实现经济循环，其价值相当于 12 吨精饲料，价值约为 28 000 元；同时，山旱地红薯种植用沼液 25 吨/（亩·年），共计 1 500 吨/年，非常有利于实现规模养殖、优化环境的目标。

4. 猪-沼-鱼饲料工程效益

养种生物链生产工程技术四：基于延迟储存功能，开发了"猪-沼-鱼饲料"养种生物链工程技术。

种猪场租用养鱼水面 20 亩，可选时选量进行沼液施肥种植有机鱼饲草，生产高品质的无公害绿色鱼产品。

每年用沼液种植鱼饲料 8 亩，供 20 亩水塘使用，利润收入为 2 100 元/亩，共计 42 000 元。其更重大的意义在于：用沼液种植的鱼饲料养鱼，可生产高品质的无公害绿色可口的鱼产品，同时，用沼液种植鱼饲料，需耗用沼液 25 吨/（亩·年），共计 200 吨/年，非常有利于实现规模养殖、优化环境的目标。

5. 猪-沼-果工程效益

养种生物链生产工程技术五：基于延迟储存功能，实现了可持续发展"猪-沼-果"养种生物链工程技术。

对区域内村集体板栗园，可选时选量利用沼液施肥。用沼液种植板栗 60 亩，产量为 125 千克/亩，收入为 1 000 元/亩，共计 60 000 元。用沼液种植果树，可使用沼液 25 吨/（亩·年），每年共计 1 500 吨，减少了沼液排放污染，非常有利实现规模养殖、优化环境的目标。

五项养种生物链生产工程技术总计可增收 208 000 元。

3.5.2 成本效益

1. 运行成本

（1）年人工管理费：12 000 元/人×3 人=36 000 元。

（2）年基建维修费：4 100 元。

（3）年设备维修费：10 000 元。

（4）折旧费：77 000 元（基建、红泥塑料厌氧覆皮及贮气袋按 20 年进行折旧，其他设备按 10 年进行折旧，残值为 5%）。其中，基建折旧费为 39 000 元；设备折旧费为 38 000 元。

（5）年动力费：5 000 元。

（6）其他：13 000 元/年。

（7）合计：运行成本 14.5 万元/年。

2. 成本效益分析

（1）项目年净效益=运行收入-运行成本=（2.23+20.8）万元-14.5 万元=8.53 万元。

（2）项目静态回收期：17.3 年。

（3）项目财务内部收益率：5.8%。

3.5.3　社会效益

（1）项目建成后，有效地利用了养殖业废弃物资源，实现了企业养殖业废弃物的资源化、减量化和无害化，促进了循环经济的发展。利用有机废弃物进行厌氧发酵产生沼气，生产生活用气提供给周边 135 户村民，解决了村民的生活用能问题，大大改善了烟熏火燎的炊事环境，减弱了炊事强度，节省了时间，减少了林木砍伐量。

（2）项目建成后，不仅改善了项目区生产条件和生活条件，而且增加了农村就业量，带动了农村经济社会发展，为解决"三农"问题，农民脱贫致富，建设社会主义新农村，构建和谐社会做出积极贡献。

3.5.4　生态效益

项目完成后，养殖场将建成以种植业为基础，养殖业为主体，沼气为纽带，促进能流、物流良性循环的生态养殖场，明显改善农业生态环境，有利于促进可持续发展。

1. 净化生产、生活环境

畜禽养殖污水经正常发酵，粪、沼渣可作为有机肥料直接出售，杀灭病毒、病菌和寄生虫卵，污水可达到 GB 7959—87《粪便无害化卫生标准》，减少了人畜病害。

2. 净化水环境

项目投产后，有效地降低了污水浓度，改善了水质。污水经发酵产生沼液，提供给红薯、蔬菜、水稻、鱼塘、板栗作肥料，达到资源的综合利用。

3. 净化空气环境

沼气是清洁能源，它替代燃煤作生活燃料，可减排 SO_2、NO_x，减少烟尘；可以减少因粪便曝弃、堆沤或直接田间施用而产生的甲烷（温室气体）排放。

4. 改善土壤

长期大量使用化肥，不仅会导致土壤板结，土壤肥力下降，而且会对环境和农作物产生污染。项目投产后，可提供优质有机肥料，减少化肥、农药用量，改善土壤理化性状，有利于农作物增产、增收，有利生产无公害农产品，保障食品安全，减少餐桌污染。

5. 保护森林资源，防止水土流失

项目运行后，沼气作为一种新型能源进入农村家庭。使用沼气为能源既减少了对矿物能源的需求，又代替农村用柴做饭取暖，减少了木材、煤炭等常规能源的消耗，对保护森林资源，禁止乱砍滥伐，防止水土流失，保护生态环境有着积极的作用。

3.6　本章小结

（1）江西省德邦牧业有限公司污水处理及能源综合利用工程项目建设符合《全国生态环境建设规划》的精神，符合耕地、水资源和生态环境三大保护目标。项目以改善生态环境为主线，通过技术措施把污染物转化为优质燃气和对耕地土壤有改良作用和增产效果的有机肥，项目的实施有利于建设生态农业，实现生态良性循环，对国家、企业、群众均有利，是一个工艺技术先进、经济合理、财务指标可行的能源环境保护工程。

（2）成本效益分析显示，沼气工程有良好的经济效益，项目总投资 147.5 万元，年净利润达到 8.53 万元，静态回收期为 17.3 年，财务内部收益率达 5.8%，

敏感性风险分析表明，在销售收入、经营成本和项目投资单因素变化±10%的情况下，财务内部收益率变化均在基准收益率的 12%以上，项目抗风险能力强。

（3）项目完成后，既解决了村民生活用能问题，又兼顾了养殖场污染治理和沼渣沼液的综合利用。养殖场粪、沼渣、污水处理后可达到《粪便无害化卫生标准》（GB 7959—87）。污染物实现零排放，改善了水环境；优质燃气的利用，减排了温室气体，有利于保护生态环境；沼液、沼渣和有机肥料的利用，不仅可以增产、增收，而且可以改良土壤，提高地力，有利于生产无公害农产品。

（4）项目建成后，有利于养殖场向高产、高效、优质方向发展，带动农村经济社会发展，为解决"三农"问题，农民脱贫致富，建设社会主义新农村，构建和谐社会做出积极贡献。

第 4 章 户用沼气池失效的故障树分析

本章主要是运用故障树分析法对户用沼气池失效进行分析评估，同时结合定性及定量分析对该故障树进行风险识别，进而确定导致该故障树顶事件发生的主要故障因子，进而为后文研究提供建模基础。本章首先建立户用沼气池失效的故障树，然后运用布尔代数运算法则求解出最小割集以及结构重要度，并在此基础上进行定性分析，识别出该故障树的主要风险因子；通过调查量表确定基本事件的概率，并计算出顶事件概率，同时得出概率重要度以及关键重要度，通过对三个重要度进行排序，从定量的角度确定该故障树的主要故障因子，并进行识别；最后将定性分析的结果与定量分析的结果比较并结合，确定出导致户用沼气池失效的主要故障因子。

4.1 建立户用沼气池失效故障树

4.1.1 户用沼气池失效故障分析

根据《江西省农业循环沼气工程建设规划（2016—2020 年）》可知，到 2014 年年底，全省沼气用户数量达 196 万户，沼气入户率由 10.2%提升到 22.04%。全省已建成 1 个省级实训基地、45 个县级沼气服务站、3 169 个乡村服务网点，服务覆盖 121 万户沼气用户。虽然江西省沼气工程推广及使用规模发展势头良好，但是仍然存在着许多制约因素。

（1）农村居民受教育程度较低、思想观念传统，并且农村缺乏劳动力。许多农村居民对户用沼气的认识停留在替代薪柴上，尽管有政府补贴奖励，但大多数农户并没有理解开发和利用沼气对农村经济和生态环境的重要意义，严重制约农村户用沼气池的利用和发展。

（2）当前农村养殖方式已经从传统的单一家庭庭院养殖转变为"公司+农户"的规模养殖，农户散养规模逐年减小，大多数农户家中仅养 1~2 头猪或是少量鸡鸭，不足以满足户用沼气池的原料需求量。同时，沼气池产气率不稳定、冬夏产气不均等原因，致使部分户用沼气池被弃置。

（3）沼气池的建设对气密性、坚固性和抗腐蚀性有较高的要求，农村地区缺乏专业的沼气服务合作社和专业沼气技工，导致沼气池建设使用不符合标准，致使沼气设备故障率较高，影响农村户用沼气池的正常使用。

（4）沼气发酵后产生的沼液沼渣的环境污染也成为制约农村户用沼气池发展的新因素。当前农户对沼液沼渣并没有充分利用，沼液沼渣被大量废弃，污染了农村水源和土壤，制约农村户用沼气工程的推广。

结合当前对户用沼气池使用现状的分析，发现农村地区户用沼气池的发展中存在许多制约因素，直接或间接导致户用沼气池失效。通过文献阅读及实地调研，本书将造成户用沼气池失效的风险归纳为政策风险、户用沼气池再利用风险和社会风险三方面。

4.1.2　户用沼气池失效故障树图

综合上述对户用沼气池失效风险的分析，建立了户用沼气池失效故障树，如图 4.1 所示。

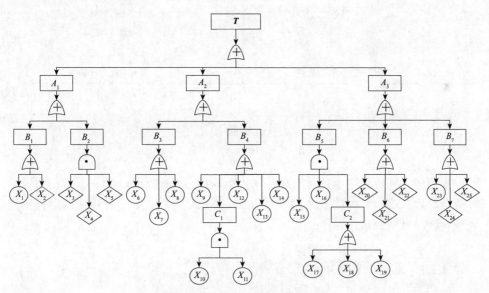

图 4.1　户用沼气池失效故障树

图 4.1 中事件符号的具体含义如表 4.1 所示。

表 4.1　户用沼气池失效故障树的事件符号

符号	事件	符号	事件
T	户用沼气池失效	X_7	维修困难
A_1	政策风险	X_8	管道堵塞
A_2	户用沼气池再利用风险	X_9	户用沼气池产气量不稳定
A_3	社会风险	X_{10}	农户散养规模小（猪）
B_1	政策奖励风险	X_{11}	养殖场合作程度低
B_2	政策潜在风险	X_{12}	替代能源竞争力强
B_3	沼气池故障风险	X_{13}	缺乏农村劳动力
B_4	沼气池使用风险	X_{14}	沼液沼渣利用率低
B_5	农户自身风险	X_{15}	受教育程度低
B_6	沼气服务合作社风险	X_{16}	环保意识差
B_7	沼气专业技工聘用风险	X_{17}	户用沼气池利用意愿
C_1	沼气池原料不足	X_{18}	养殖意愿（2 头以上黑土猪）
C_2	农户意愿	X_{19}	加入合作社意愿
X_1	奖励资金不足	X_{20}	服务体系不完善
X_2	奖励滞后	X_{21}	缺少资金支持
X_3	沼气扶持政策不完善	X_{22}	缺乏配套设备
X_4	地区政策差异	X_{23}	专业技工数量不足
X_5	政策滞后	X_{24}	服务水平参差不齐
X_6	沼气池配件质量差	X_{25}	专业技工薪酬过低

4.2　户用沼气池失效故障树的定性分析

故障树定性分析主要通过对故障树进行简化后确定其最小割集，进而识别所有可能导致顶事件发生的故障因子。本章主要采用布尔代数简化法来求解户用沼气池失效故障树的最小割集。

4.2.1　最小割集的计算与分析

根据布尔代数运算法则，结合图 4.1 可得公式：

$$T = A_1 + A_2 + A_3 \tag{4.1}$$

$$A_1 = B_1 + B_2 = X_1 + X_2 + X_3 X_4 X_5 \tag{4.2}$$

$$A_2 = B_3 + B_4 = X_6 + X_7 + X_8 + X_9 + C_1 + X_{12} + X_{13} + X_{14}$$
$$= X_6 + X_7 + X_8 + X_9 + X_{10}X_{11} + X_{12} + X_{13} + X_{14} \tag{4.3}$$

$$A_3 = B_5 + B_6 + B_7 = X_{15}X_{16}C_2 + X_{20} + X_{21} + X_{22} + X_{23} + X_{24} + X_{25}$$
$$= X_{15}X_{16}(X_{17} + X_{18} + X_{19}) + X_{20} + X_{21} + X_{22} + X_{23} + X_{24} + X_{25}$$
$$= X_{15}X_{16}X_{17} + X_{15}X_{16}X_{18} + X_{15}X_{16}X_{19} + X_{20} + X_{21} + X_{22} + X_{23} + X_{24} + X_{25} \tag{4.4}$$

化简后可知，该故障树中最小割集总数为20个，其中一阶最小割集为15个，即 $\{X_1, X_2, X_6, X_7, X_8, X_9, X_{12}, X_{13}, X_{14}, X_{20}, X_{21}, X_{22}, X_{23}, X_{24}, X_{25}\}$；二阶最小割集有1个，即 $\{X_{10}\,X_{11}\}$；三阶最小割集有4个，即 $\{X_3X_4X_5, X_{15}X_{16}X_{17}, X_{15}X_{16}X_{18}, X_{15}X_{16}X_{19}\}$。

由表 4.1 可知，A_1 代表政策风险，由政策奖励风险 B_1 和政策潜在风险 B_2 两部分构成。政策奖励风险主要由奖励资金不足和奖励滞后两个基本事件构成。政策潜在风险主要由沼气扶持政策不完善、地区政策差异和政策滞后三部分组成。户用沼气池在现行的市场规则下缺乏竞争力，需要政府相关激励政策和保障机制的扶持。而目前政府对农村沼气产业化经济发展的激励较弱，相关政策之间协调性差，且地区之间政策差异化明显，无法形成以沼气等生物质能源为纽带的生态循环农业可持续发展的政策体系和保障机制，从而导致户用沼气池的失效。

通过求解最小割集发现，奖励资金不足（X_1）和奖励滞后（X_2）的影响程度最大，是造成政策风险发生的主要故障因子。江西省"十二五"期间，全省农村沼气建设中央预算内投资突破 2 亿元，省级财政"以奖代补"农村沼气专项资金达 2 亿元，但是这些奖励资金大多用于建设户用沼气池，对户用沼气池后续的维护使用实际上并没有多少奖励。而截至 2014 年年底，江西省户用沼气池建设规模达 196 万户，但已建户用沼气池的实际利用率不足 60%，大多数农户因缺少资金对户用沼气池进行维护和修理而导致一半以上的户用沼气池处于闲置的状态。同时，要实现养户技合模式，还需扩大沼气专业技工的人数、加强其培训和提高服务水平，但是这部分沼气技工的工资以及后续学习培训费用仅靠向农民收取维修户用沼气池费用是无法实现的，还需要政府给予奖励和福利才能得以保证。同样，沼气服务合作社的成立和发展也需要相关政策奖励的支持。此外，奖励发放滞后也会导致农民在户用沼气池发生故障后不能及时维修而对户用沼气池正常使用产生较大影响。同理，奖励滞后也会降低沼气专业技工的工作积极性，无法满足沼气服务合作社发展的需要，从而制约户用沼气池的发展。因此需要重点对奖励资金不足和奖励滞后采取规避措施，避免户用沼气池失效。

A_2 表示户用沼气池再利用风险，由沼气池故障风险（B_3）、沼气池使用风险（B_4）两部分构成。通过求解最小割集发现，沼气池故障风险（B_3）、替代能源竞争力强（X_{12}）以及缺乏农村劳动力（X_{13}）、沼液沼渣利用率（X_{14}）的影响程度最大，是造成沼气池再利用风险发生的主要故障因子。沼气池的故障风险包括沼气池配件质量差（X_6）、维修困难（X_7）和管道堵塞（X_8）这三个基本事件。配件质量决定户用沼气池使用寿命以及维修的难易程度。配件质量差，则户用沼气池正常使用时间短，造成资源的浪费，无法达到户用沼气池再利用的目的。沼气池管道分为进料管、出料管、排渣管和输气管，管道堵塞则包括平时抽渣不及时导致排渣管堵塞，池底沉渣太厚或不注意拌料液导致进料管、出料管堵塞等。管道堵塞后容易造成沼气池产气量下降、沼气燃烧火焰微弱等，进而造成沼气池发生故障。替代能源竞争力强也导致一部分农户选择使用更经济、更便捷的替代能源（如电力、煤气等）而不是沼气能源。产气不稳定包括产气量不稳定和冬夏产气不均等，这导致供农户使用的沼气量不足，最终会导致农户选择其他能源而弃置户用沼气池，无法实现户用沼气池再利用的目的。此外，户用沼气池发酵之后产生的沼液沼渣得不到及时、合理的处理，农户因缺少工具与设备而无法处理沼气池发酵产生的沼液沼渣，不能实现沼液沼渣循环利用的目的，并由此造成环境污染导致户用沼气池失效。因此，针对沼气池的再利用风险问题，应着重处理沼气池故障风险、替代能源竞争力、产气量以及沼液沼渣利用率等故障因子。

A_3 表示社会风险，主要由农户自身风险（B_5）、沼气服务合作社风险（B_6）和沼气专业技工聘用风险（B_7）三部分组成。通过求解最小割集发现，沼气服务合作社风险（X_{20}、X_{21}、X_{22}）以及沼气专业技工聘用风险（X_{23}、X_{24}、X_{25}）是导致社会风险发生的主要故障因子。沼气服务合作社风险主要是与当前农村沼气服务合作社的建立和完善有关，政策体制的不完善和沼气产业市场的不成熟，同时缺乏标准的技术产品检测和认证体系，造成农村地区没有形成完备的沼气技术服务体系，导致“农户+合作社”无法正常运行。缺少资金支持也是导致当前农村沼气服务合作社无法持续经营发展的原因之一。此外，沼气工程的后续管理服务需要配备诸如沼气检测仪、沼液沼渣出料机、沼气池组合维修工具等，而当前的沼气服务合作社这些设备配备并不齐全，也导致沼气服务合作社不能正常运行发挥其作用，无法保证户用沼气池运行。沼气专业技工聘用风险包括技工数量不足、服务水平参差不齐和专业技工薪酬过低三个基本事件。沼气专业技工培训工作开展较晚，沼气技工人数不足，无法完成户用沼气池的维修和保养工作。缺乏专业完整的沼气专业技工培训体系，导致沼气专业技工服务水平参差不齐，无法及时掌握和运用先进的沼气技术，保证户用沼气池的正常使用。薪酬过低导致沼气专业技工新入职人数减少，同时在职专业技工离职转行，技工队伍稳定性变差进而导致沼气专业技工大量缺乏，使户用沼气池因得不到及时的维修和保养而被闲置，也进一步导致户用沼气池失效。

4.2.2　结构重要度

建树完成之后，基本事件对顶事件的影响程度就确定了，这种关系只由故障树的结构决定，因此称为结构重要度。结构重要度表示假定各基本事件的发生概率都相等或忽略各基本事件概率的条件下，分析各基本事件对顶事件的影响程度，其表达式为

$$I_{\varphi}(i) = 1 - \prod_{X_j \in M_i} \left(1 - \frac{1}{2^{n-1}}\right) \tag{4.5}$$

结合已建的户用沼气池失效故障树，计算各基本事件的结构重要度并进行排序。

$$I_1 = I_2 = I_6 = I_7 = I_8 = I_9 = I_{12} = I_{13} = I_{14} = I_{20} = I_{21} = I_{22} = I_{23} = I_{24} = I_{25}$$

$$= 1 - \left(1 - \frac{1}{2^{1-1}}\right)^1 = 1$$

$$I_3 = I_4 = I_5 = I_{17} = I_{18} = I_{19} = 1 - \left(1 - \frac{1}{2^{3-1}}\right) = \frac{1}{4}$$

$$I_{10} = I_{11} = 1 - \left(1 - \frac{1}{2^{2-1}}\right)^1 = \frac{1}{2}$$

$$I_{15} = I_{16} = 1 - \left(1 - \frac{1}{2^{3-1}}\right)^3 = \frac{37}{64}$$

结构重要度排名如表 4.2 所示。

表 4.2　结构重要度排名

基本事件	结构重要度	排名	基本事件	结构重要度	排名
X_1	1	1	X_{14}	1	1
X_2	1	1	X_{15}	37/64	16
X_3	1/4	20	X_{16}	37/64	16
X_4	1/4	20	X_{17}	1/4	20
X_5	1/4	20	X_{18}	1/4	20
X_6	1	1	X_{19}	1/4	20
X_7	1	1	X_{20}	1	1
X_8	1	1	X_{21}	1	1
X_9	1	1	X_{22}	1	1
X_{10}	1/2	18	X_{23}	1	1
X_{11}	1/2	18	X_{24}	1	1
X_{12}	1	1	X_{25}	1	1
X_{13}	1	1			

依据结构重要度排名可知，影响户用沼气池正常运行的主要因素为奖励资金（X_1、X_2）、沼气池故障率（X_6、X_7、X_8）、户用沼气池产气量不稳定（X_9）、替代能源竞争力（X_{12}）、沼液沼渣利用率低（X_{14}）、缺乏农村劳动力（X_{13}）、合作社的建立（X_{20}、X_{21}、X_{22}）、专业技工（X_{23}、X_{24}、X_{25}）。

综上可知，对户用沼气池失效的故障树进行定性分析，通过最小割集的求解及结构重要度排序，可以得出对该模式影响程度最大的风险因子主要有政策奖励风险、沼气池故障风险、替代能源竞争力强、沼液沼渣利用率低、沼气服务合作社风险及沼气专业技工聘用风险。

4.3 户用沼气池失效故障树的定量分析

对户用沼气池失效故障树的定量分析主要包括计算各基本事件的概率、计算顶事件的发生概率、概率重要度和关键重要度及其排序。假设各基本事件都是相互独立的且其概率都可以得到，则可以进行定量分析。在故障树模型中，基本事件之间是不相关的，符合之前的假设，所以能进行定量分析。

4.3.1 计算各基本事件的概率

本小节通过阅读文献和收集资料，设计调查量表对江西省德安县已建户用沼气池进行问卷调查进而获得调研数据，以此来确定户用沼气池失效故障树中各基本事件的发生概率。根据前文分析，调查量表中将影响户用沼气池运行的因素分为政策因素、户用沼气池再利用因素以及社会因素三方面。本小节引入 16 个解释变量，采用李克特五级量表法制作调查量表，设置了 22 个调查问题，调查量表见附录 A。

对德安县芦溪村、聂桥镇、柳田村、宝山村等地区农户采用随机电话访谈的调查方式，累计发放问卷 50 份，回收 46 份，对问卷整理后，最终获得有效问卷43 份，占回收问卷总数的 93.5%，具体调查数据见附录 B。本书调查对象中男性比例占 77%，女性占 23%；调查对象中，初中以上学历占 72.5%。运用 SPSS 22.0对获得的数据进行描述性统计分析，所有数据的偏斜度绝对值均小于 3，峰度的绝对值均小于 8，基本上符合正态分布，具体统计结果见附录 C。

本书的数据是从调查量表中获得的，需对数据的可靠程度进行判别。信度表示通过测量工具所得到的测量结果的一致性和稳定性的程度，是反映客观事物被测特征的真实程度的度量指标。信度指标多以相关系数表示，主要有稳定系数、等值系数和内在一致性系数。本书采用克隆巴赫系数（Cronbachs's α）来作为内在一致性系数，以此评价问卷的内部一致性。α 系数取值在 0~1，一般认为问卷的 α 系数在 0.8 以上为高信度；0.35~0.7 为中信度；0.35 以下为低信度。本书运用 SPSS 22.0 计算得出 α 值，其结果为 0.728，证明该问卷具有较高的使用价值。具体可靠性统计分析结果如表 4.3 所示。

表 4.3　可靠性统计分析结果

Cronbach's α	项目个数/个
0.728	22

运用 SPSS 22.0 对问卷进行统计分析，得出基本事件频率，具体如附录 D 所示。

对无法通过调查问卷获得发生概率的基本事件，如地区政策差异 X_4、政策滞后 X_5 等，采用文献资料统计及德尔菲法估计其概率，结合问卷量表统计出的部分基本事件概率，评价标准如表 4.4 所示。

表 4.4　评价标准

标准	范围
一定发生且后果很严重	0.10 以上
相当可能发生且较严重	0.07~0.09
可能发生且后果严重	0.05~0.07
可能发生但后果一般	0.03~0.05
可能性小且后果不严重	0.01~0.03
不太可能发生且后果不严重	0.01 以下

根据上述评价标准，对户用沼气池失效故障树中剩余的基本事件进行估计，得到其发生的概率，如表 4.5 所示。

表 4.5　剩余基本事件概率

符号	基本事件	概率
X_2	奖励滞后	0.03
X_3	沼气扶持政策不完善	0.03
X_4	地区政策差异	0.02
X_5	政策滞后	0.02
X_{20}	服务体系不完善	0.03
X_{21}	缺少资金支持	0.02
X_{22}	缺乏配套设备	0.04
X_{24}	服务水平参差不齐	0.04
X_{25}	专业技工薪酬过低	0.03

综合上述两种计算基本事件的概率方法，可以汇总得出户用沼气池失效故障树的全部基本事件的发生概率，具体如表 4.6 所示。

表 4.6　基本事件发生概率

符号	基本事件	概率	符号	基本事件	概率
X_1	奖励资金不足	0.080	X_{14}	沼液沼渣利用率低	0.047
X_2	奖励滞后	0.030	X_{15}	受教育程度低	0.095
X_3	沼气扶持政策不完善	0.030	X_{16}	环保意识差	0.233
X_4	地区政策差异	0.020	X_{17}	户用沼气池利用意愿	0.209
X_5	政策滞后	0.020	X_{18}	养殖意愿（2 头以上黑土猪）	0.116
X_6	沼气池配件质量差	0.116	X_{19}	加入合作社意愿	0.047
X_7	维修困难	0.209	X_{20}	服务体系不完善	0.030
X_8	管道堵塞	0.279	X_{21}	缺少资金支持	0.020
X_9	户用沼气池产气量不稳定	0.023	X_{22}	缺乏配套设备	0.040
X_{10}	农户散养规模小（猪）	0.163	X_{23}	专业技工数量不足	0.116
X_{11}	养殖场合作程度低	0.233	X_{24}	服务水平参差不齐	0.040
X_{12}	替代能源竞争力强	0.256	X_{25}	专业技工薪酬过低	0.030
X_{13}	缺乏农村劳动力	0.023			

4.3.2　计算顶事件发生的概率

依据计算顶事件发生概率的公式，计算户用沼气池失效故障树的顶事件发生概率。

$$Q(T) = 1 - \prod_{i=1}^{n}[1 - q(K_i)] = 0.78180$$

4.3.3　基本事件重要度的计算

故障树中不同基本事件对顶事件的影响程度不一样，因此称基本事件对顶事件的影响程度为基本事件的重要度。下面主要计算概率重要度和关键重要度。

1. 概率重要度

概率重要度是描述基本事件概率的变化对系统概率变化的影响程度。特殊的

是，当基本事件的概率都相等时，概率重要度等于结构重要度。概率重要度的计算公式为

$$I_g(i) = \frac{\partial Q(T)}{\partial q_k} \qquad (4.6)$$

依据式（4.6），对建立的户用沼气池失效故障树的各基本事件计算其概率重要度并进行排名，具体概率重要度排名见表 4.7。

表 4.7　概率重要度排名

基本事件	概率重要度	排名	基本事件	概率重要度	排名
X_1	1	1	X_{14}	1	1
X_2	1	1	X_{15}	0.086 6	18
X_3	0.000 4	25	X_{16}	0.035 3	19
X_4	0.000 6	23	X_{17}	0.022 1	20
X_5	0.000 6	23	X_{18}	0.022 1	20
X_6	1	1	X_{19}	0.022 1	20
X_7	1	1	X_{20}	1	1
X_8	1	1	X_{21}	1	1
X_9	1	1	X_{22}	1	1
X_{10}	0.233 0	16	X_{23}	1	1
X_{11}	0.163 0	17	X_{24}	1	1
X_{12}	1	1	X_{25}	1	1
X_{13}	1	1			

依据概率重要度排名可知，奖励资金（X_1、X_2）、沼气池故障率（X_6、X_7、X_8）、替代能源竞争力（X_{12}）、农村劳动力（X_{13}）、沼气服务合作社（X_{20}、X_{21}、X_{22}）、专业技工（X_{23}、X_{24}、X_{25}）等因素的概率重要度最大，其概率敏感性最强。此外，与结构重要度不同的是，概率重要度的计算中沼气池原料不足（X_{10}、X_{11}）的概率影响程度也比较大。

2. 关键重要度

关键重要度表示基本事件概率的变化水平与顶事件故障概率的变化水平之间比值，关键重要度能从敏感性与概率双重角度反映各基本事件的重要程度，由此得到故障因子及其互相影响关系，反映故障树的本质。关键重要度计算公式为

$$I_c(i) = \left[\frac{\partial Q(T)/Q(T)}{\partial q_k/q_k}\right] = \frac{I_g(i)q_k}{Q(T)} \qquad (4.7)$$

从式（4.7）中可以看出，关键重要度实际上为在概率重要度的基础上乘以项

$\dfrac{q_k}{Q(T)}$，其结果如表 4.8 所示。

表 4.8   关键重要度排名

基本事件	关键重要度	排名	基本事件	关键重要度	排名
X_1	1.02×10^{-1}	6	X_{14}	6.01×10^{-2}	7
X_2	3.84×10^{-2}	12	X_{15}	1.05×10^{-2}	18
X_3	1.54×10^{-5}	23	X_{16}	1.05×10^{-2}	19
X_4	1.54×10^{-5}	24	X_{17}	5.92×10^{-3}	20
X_5	1.54×10^{-5}	24	X_{18}	3.28×10^{-3}	21
X_6	1.48×10^{-1}	4	X_{19}	1.33×10^{-3}	22
X_7	2.67×10^{-1}	3	X_{20}	3.84×10^{-2}	12
X_8	3.57×10^{-1}	1	X_{21}	2.56×10^{-2}	17
X_9	2.94×10^{-2}	15	X_{22}	5.12×10^{-2}	8
X_{10}	4.86×10^{-2}	11	X_{23}	1.48×10^{-1}	4
X_{11}	4.86×10^{-2}	10	X_{24}	5.12×10^{-2}	8
X_{12}	3.27×10^{-1}	2	X_{25}	3.84×10^{-2}	12
X_{13}	2.94×10^{-2}	15			

对关键重要度进行排序后发现，沼气池故障率（X_6、X_7、X_8）是导致户用沼气池失效的主要原因之一，在沼气池故障因素中，维修困难（X_7）和管道堵塞（X_8）影响程度最大；替代能源竞争力强（X_{12}）也有较高的敏感性；专业技工（X_{23}、X_{24}、X_{25}）特别是专业技工数量不足（X_{23}）也是导致户用沼气池无法正常运行的重要原因。同时，在关键重要度的分析中可以看出农户的散养规模小（猪）（X_{10}）、与养殖场的合作程度低（X_{11}）排名也较高，说明养殖规模和合作程度决定了提供沼气池原料的数量，对保障养户技合模式的正常运行也起着关键作用。

3. 重要度综合分析

对上述概率重要度、关键重要度以及之前计算的结构重要度汇总后，计算综合排名，据此来确定各基本事件的重要程度，具体排名见表 4.9。

表 4.9　基本事件重要度综合排名

基本事件	结构重要度	概率重要度	关键重要度	综合排名（均值）
X_1	1	1	1.02×10^{-1}	6
X_2	1	1	3.84×10^{-2}	10
X_3	1/4	0.000 4	1.54×10^{-5}	25
X_4	1/4	0.000 6	1.54×10^{-5}	23
X_5	1/4	0.000 6	1.54×10^{-5}	23
X_6	1	1	1.48×10^{-1}	4
X_7	1	1	2.67×10^{-1}	3
X_8	1	1	3.57×10^{-1}	1
X_9	1	1	2.94×10^{-2}	13
X_{10}	1/2	0.233	4.86×10^{-2}	16
X_{11}	1/2	0.163	4.86×10^{-2}	17
X_{12}	1	1	3.27×10^{-1}	2
X_{13}	1	1	2.94×10^{-2}	13
X_{14}	1	1	6.01×10^{-2}	7
X_{15}	37/64	0.086 6	1.05×10^{-2}	18
X_{16}	37/64	0.035 3	1.05×10^{-2}	19
X_{17}	1/4	0.022 1	5.92×10^{-3}	20
X_{18}	1/4	0.022 1	3.28×10^{-3}	21
X_{19}	1/4	0.022 1	1.33×10^{-3}	22
X_{20}	1	1	3.84×10^{-2}	10
X_{21}	1	1	2.56×10^{-2}	15
X_{22}	1	1	5.12×10^{-2}	8
X_{23}	1	1	1.48×10^{-1}	4
X_{24}	1	1	5.12×10^{-2}	8
X_{25}	1	1	3.84×10^{-2}	10

对结构重要度、概率重要度以及关键重要度取均值后发现以下几点。

（1）沼气池故障率（X_6、X_7、X_8）是导致户用沼气池失效的主要原因之一；要保证户用沼气池正常运行，首先就要降低沼气池的故障率，主要有沼气池配件质量差（X_6）、维修困难（X_7）和管道堵塞（X_8）等故障问题。

（2）替代能源竞争力强（X_{12}）也有较高的敏感性，也是导致户用沼气池故障的主要原因之一；电力、煤气等能源的建设程度和使用范围都要比沼气更广泛，其强大的竞争力制约了户用沼气池的再利用，进而成为导致户用沼气池失效的主要故障。

（3）专业技工（X_{23}、X_{24}、X_{25}）特别是专业技工数量不足（X_{23}）也是导致该户用沼气池无法正常运行的重要原因。农户受教育程度不高，无法靠自身完成户用沼气池的维修和保养工作，因此对沼气专业技工人数有很大的需求。所以要保证户用沼气池的正常运行，需要解决沼气专业技工人数少、技术水平不高等问题。

（4）重视沼气服务合作社的问题，从综合重要度的分析中可以看出合作社缺乏配套设备（X_{22}）、服务体系不完善（X_{20}）以及缺少资金支持（X_{21}）的排名也较靠前，说明沼气服务合作社对保障户用沼气池的正常运行也起着关键作用。

此外，奖励资金不足（X_1）、沼液沼渣利用率低（X_{14}）、用户沼气池产气量不稳定（X_9）等因素的综合重要度也很大，也在一定程度上影响了户用沼气池的正常运行产生。

4.4　本章小结

本章在实地调研的基础上，结合以往研究和相关资料，总结归纳了导致户用沼气池失效的相关因素，并建立了户用沼气池失效的故障树。运用布尔代数运算法则计算出故障树最小割集、结构重要度并展开了定性分析；运用李克特五级量表的方法设计了调查量表获得调研数据，计算出各基本事件发生概率。在此基础上求出顶事件的概率以及概率重要度、关键重要度，对已建故障树进行了定量分析。

通过对户用沼气池失效的故障树的定性分析，发现最小割集数量越多时其割集容量就越小，对顶事件的影响越大。因此，运用布尔代数运算法则，求解出故障树的最小割集，得到 15 个一阶最小割集，1 个二阶最小割集和 4 个三阶最小割集，同时还计算了结构重要度并进行排序。故障树的定性分析结果表示，政策奖励风险、沼气池故障风险、替代能源竞争风险、沼液沼渣利用率、沼气服务合作社以及沼气专业技工是导致户用沼气池故障的主要故障因子。

通过对户用沼气池失效故障树的定量分析，计算出各基本事件发生概率并得出顶事件发生的概率是 0.781 80。根据相关公式计算出概率重要度以及关键重要并进行排序，发现在综合排名中，沼气池故障风险、替代能源竞争风险、沼气服务合作社、沼气专业技工、政策奖励风险以及沼液沼渣利用率排名均靠前，这与定性分析得到的结果是一致的。基于以上分析，提出在户用沼气池运行过程中，应对主要故障因子进行重点关注，及时采取规避措施，避免该事件的发生，从而避免该户用沼气池失效，提高农村户用沼气池启用数和利用率。

第 5 章 养户技合模式的系统动力学分析

在第 4 章故障树分析的结论中，已经识别出几个导致户用沼气池失效的主要故障因子，即沼气池故障、替代能源竞争力、沼气服务合作社、沼气专业技工、政策奖励风险以及沼液沼渣污染共六个故障因子。本章将在第 4 章的基础上，探索性地提出一种解决户用沼气池失效问题的农业生产模式，即规模养殖场、户用沼气池、沼气服务合作社和沼气专业技工四结合的养户技合模式。运用系统动力学相关方法理论，建立养户技合模式子系统的系统动力学模型，即建立养户技合模式各子系统在该模式运行前的增长上限基模和运行后的消除增长上限基模，然后通过对比分析,研究该模式对导致户用沼气池失效的主要故障因子的抑制作用，据此探讨养户技合模式的可行性。

5.1 子系统基模分析

在第 4 章故障树分析当中，通过定性和定量的研究，已经识别出导致户用沼气池失效的主要故障因子有沼气池故障、替代能源竞争力、沼气服务合作社、沼气专业技工以及沼液沼渣污染。在前文的研究背景及现状分析中，发现农村地区除了户用沼气池在运行过程中存在大量问题，规模化养殖造成的环境污染问题也不容忽视，但是将二者进行结合后，对规模化养殖有制约作用的家畜粪便可以成为户用沼气池的发酵原料，实现同时解决户用沼气池原料不足和规模养殖家畜粪便污染的问题。鉴于此，本章基于现代农作制度理论以及循环农业理论，探索性地提出将规模养殖场、户用沼气池、沼气服务合作社和沼气专业技工四结合的养户技合模式，并对该模式进行分析，研究该模式对解决规模养殖家畜粪便污染和户用沼气池利用过程中的问题，实现系统的良性发展。

基于上述分析，本节从规模养殖污染、设备故障、原料缺口、后续服务效率、沼液沼渣污染五个子系统对养户技合模式进行系统分析，建立养户技合模式运行前的增长上限基模和运行后的消除增长上限基模，验证养户技合模式对解决户用沼气池再利用问题的有效性。

5.1.1   规模养殖污染子系统基模分析

在规模养殖中，猪粪尿的污染问题也成为制约系统发展的重要因素。随着养殖规模的扩大与系统的发展，猪粪尿的排放量也随之增大，将会对系统产生越来越强的制约作用。养殖业产生的家畜粪便数量庞大，且其中含有大量的污染物和病原体，对空气、水体和土壤都有巨大的危害，所以治理规模养殖场的环境污染问题刻不容缓。规模养殖场产生的大量家畜粪便可以作为沼气发酵的原料，通过农村户用沼气池工程的推广，户用沼气池使用规模逐步扩大，能消耗掉规模养殖场剩余的猪粪尿，同时缓解户用沼气池原料不足和规模养殖场家畜粪便污染的问题。依据江西省农村沼气能源"十三五"规划，2014 年年底全省共建有 196 万口户用沼气池，假定其中的 75%能正常使用，且每口户用沼气池每天产生约 1.6 立方米的沼气，可产生 1 175.3 万立方米的沼气，可消耗猪粪尿量 1.175 万吨，证明规模养殖场为户用沼气池提供原料能大大缓解规模养殖产生的家畜粪便污染问题。因此，将规模养殖污染作为养户技合模式的一个子系统。

（1）在规模养殖污染子系统中，粪便污染问题成为极严重的制约系统发展的因素。随着规模养殖规模的扩大与系统不断的发展，猪粪尿的排放量不断增大，将会对系统产生新的制约作用，因此有必要刻画规模养殖污染的制约负反馈环。

第一，确定制约子系统发展的核心变量：养殖场存栏猪头数 $V_1(t)$，年猪粪尿量 $V_2(t)$，猪粪尿排放量 $V_3(t)$。

第二，分析核心变量的增减关联，确定因果链：养殖场存栏猪头数 $V_1(t) \overset{+}{\longrightarrow}$ 年猪粪尿量 $V_2(t)$，年猪粪尿量 $V_2(t) \overset{+}{\longrightarrow}$ 猪粪尿排放量 $V_3(t)$，猪粪尿排放量 $V_3(t) \overset{-}{\longrightarrow}$ 养殖场存栏猪头数 $V_1(t)$。

第三，由不同因果链相同顶点的链接力，构建养殖场存栏猪头数 $V_1(t)$、年猪粪尿量 $V_2(t)$、猪粪尿排放量 $V_3(t)$ 之间的反馈环：养殖场存栏猪头数 $V_1(t) \overset{+}{\longrightarrow}$ 年猪粪尿量 $V_2(t) \overset{+}{\longrightarrow}$ 猪粪尿排放量 $V_3(t) \overset{-}{\longrightarrow}$ 养殖场存栏猪头数 $V_1(t)$。

（2）在规模养殖污染子系统中，规模养殖利润的增加是推动系统发展的动力，出售原料收益可以推动规模养殖利润增加，促进系统发展，因此可以刻画规模养殖污染子系统的增长正反馈环。

第一，确定促进子系统发展的核心变量：养殖场存栏猪头数 $V_1(t)$，出售原料收益 $V_4(t)$，规模养殖利润 $V_5(t)$。

第二，分析核心变量的增减关联，确定因果链：养殖场存栏猪头数 $V_1(t) \overset{+}{\longrightarrow}$ 出售原料收益 $V_4(t)$，出售原料收益 $V_4(t) \overset{+}{\longrightarrow}$ 规模养殖利润 $V_5(t)$，规模养殖利润 $V_5(t) \overset{+}{\longrightarrow}$ 养殖场存栏猪头数 $V_1(t)$。

第三，由不同因果链相同顶点的链接力，构建养殖场存栏猪头数 $V_1(t)$ 、出售原料收益 $V_4(t)$ 、规模养殖利润 $V_5(t)$ 之间的正反馈环：养殖场存栏猪头数 $V_1(t) \xrightarrow{\ +\ }$ 出售原料收益 $V_4(t) \xrightarrow{\ +\ }$ 规模养殖利润 $V_5(t) \xrightarrow{\ +\ }$ 养殖场存栏猪头数 $V_1(t)$ 。

由以上分析构建规模养殖污染增长上限基模，如图 5.1 所示。

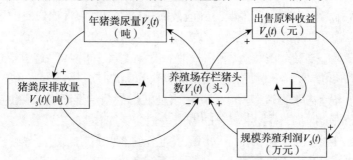

图 5.1　规模养殖污染增长上限基模

养户技合模式运行之后，规模养殖场会将剩余的猪粪尿提供给使用沼气池的农户，在解决沼气池原料不足问题的同时也解决了剩余猪粪尿排放后造成的环境污染问题，在一定程度上缓解了环境污染对养殖场发展的抑制作用。

基于以上分析，构建一条新的正反馈环来消除养殖场猪粪尿污染的问题，即养殖场存栏猪头数 $V_1(t) \xrightarrow{\ +\ }$ 年猪粪尿量 $V_2(t) \xrightarrow{\ +\ }$ 沼气年消耗猪粪尿量 $V_6(t) \xrightarrow{\ -\ }$ 猪粪尿排放量 $V_3(t) \xrightarrow{\ -\ }$ 养殖场存栏猪头数 $V_1(t)$ 。由此建立规模养殖污染消除增长上限基模，如图 5.2 所示。

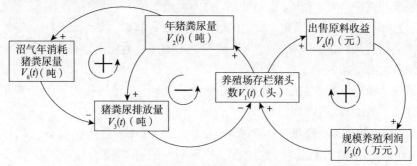

图 5.2　规模养殖污染消除增长上限基模

图 5.2 中，增加了沼气年消耗猪粪尿量 $V_6(t)$ 正反馈环来缓解猪粪尿污染负反馈环的制约作用，提出解决猪粪尿污染问题的杠杆解，即在户用沼气池使用规模不断扩大的基础上，规模养殖场向使用户用沼气池的农户提供剩余的猪粪尿，解决养殖场猪粪尿大量排放污染环境的问题。同时能帮助解决户用沼气池原料不足的问题，实现增加沼气收益的目的，在一定程度上提高农户的使用积极性，有效

解决户用沼气池的再利用问题。

5.1.2 设备故障子系统基模分析

在第 4 章故障树分析中，发现无论是定性分析还是定量分析，沼气池故障率的各个重要度排名都在前列，说明沼气池故障是导致户用沼气池失效的主要原因之一。根据实际的调查问卷（附录 A）也可以得出，仅由管道堵塞导致沼气池发生故障的事件的调查频率为 86%，说明沼气池的设备故障率非常高，这也导致大多数户用沼气池不能正常使用，因此，将设备故障作为养户技合模式的一个子系统。

（1）在设备故障子系统中，户用沼气池使用的数量逐渐增加，会导致沼气池中设备故障数的增加，对技术服务的需求量也会增加，由此会产生技术效率缺口。技术效率缺口的不断增加，会使户用沼气池无法正常使用，由此导致户用沼气池启用数减少，因此有必要刻画设备故障子系统负反馈环。

第一，确定制约子系统发展的核心变量：户用沼气池启用数 $V_7(t)$，设备故障数 $V_8(t)$，技术效率缺口 $V_9(t)$。

第二，分析核心变量的增减关联，确定因果链：户用沼气池启用数 $V_7(t)$ —+→ 设备故障数 $V_8(t)$，设备故障数 $V_8(t)$ —+→ 技术效率缺口 $V_9(t)$，技术效率缺口 $V_9(t)$ —→ 户用沼气池启用数 $V_7(t)$。

第三，由不同因果链相同顶点的链接力，构建户用沼气池启用数 $V_7(t)$、设备故障数 $V_8(t)$、技术效率缺口 $V_9(t)$ 之间的负反馈环：户用沼气池启用数 $V_7(t)$ —+→ 设备故障数 $V_8(t)$ —+→ 技术效率缺口 $V_9(t)$ —→ 户用沼气池启用数 $V_7(t)$。

（2）在设备故障子系统中，沼气效益的增加是推动系统的动力，会导致户用沼气池启用数的增加，而沼气池沼气产量是户用沼气池启用数增加的保障，由此刻画设备故障子系统的正反馈环。

第一，确定促进子系统发展的核心变量：户用沼气池启用数 $V_7(t)$，户用沼气池沼气产量 $V_{10}(t)$，沼气效益 $V_{11}(t)$。

第二，分析核心变量之间的增减关系，确定因果链：户用沼气池启用数 $V_7(t)$ —+→ 户用沼气池沼气产量 $V_{10}(t)$，户用沼气池沼气产量 $V_{10}(t)$ —+→ 沼气效益 $V_{11}(t)$，沼气效益 $V_{11}(t)$ —+→ 户用沼气池启用数 $V_7(t)$。

第三，由不同因果链相同顶点的链接力，构建户用沼气池启用数 $V_7(t)$、户用沼气池沼气产量 $V_{10}(t)$、沼气效益 $V_{11}(t)$ 之间的正反馈环：户用沼气池启用数 $V_7(t)$ —+→ 户用沼气池沼气产量 $V_{10}(t)$ —+→ 沼气效益 $V_{11}(t)$ —+→ 户用沼气池启用数 $V_7(t)$。

以上正负反馈环相互作用，构成了设备故障增长上限基模，如图 5.3 所示。

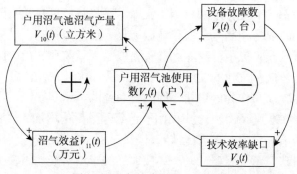

图 5.3　设备故障增长上限基模

在养户技合模式作用之后，有专业的沼气技工加入该子系统中，会对沼气池中的故障设备进行维修和保养，使沼气池正常运行技术效率缺口不断减少，进而推动户用沼气池的推广，增加户用沼气池的使用数量。

根据以上分析，构建了一条新的沼气专业技工服务率 $V_{12}(t)$ 正反馈环：户用沼气池启用数 $V_7(t)$ —— 设备故障数 $V_8(t)$ —— 沼气专业技工服务效率 $V_{12}(t)$ —— 技术效率缺口 $V_9(t)$ —— 户用沼气池启用数 $V_7(t)$，由此建立设备故障消除增长上限基模，如图 5.4 所示。

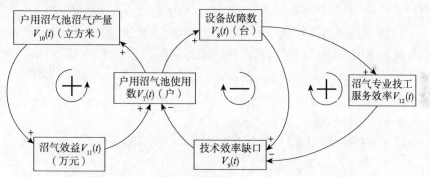

图 5.4　设备故障消除增长上限基模

在图 5.4 中，增加了一条沼气专业技工正反馈环来缓解技术效率缺口负反馈环的制约作用，说明在养户技合模式运行之后，能提出解决设备故障数问题的杠杆解，即引入沼气专业技工服务效率来解决沼气池中的设备故障问题，降低沼气设备的故障率，进而减少户用沼气池所需的技术服务，促进沼气池的正常运行，增加户用沼气池的使用数，解决户用沼气池大量闲置的问题。

5.1.3　原料缺口子系统基模分析

影响户用沼气池再利用的主要原因之一为沼气池发酵原料不足。江西省修建的沼气池大多数都为 6 立方米的户用沼气池，平均每口沼气池每天需要的原料量约为 7.3 千克的猪粪。但是当前农村地区大量人员外出务工，导致缺乏足够的农村劳动力，大多数农户家中都只养 1~2 头猪或是少量鸡鸭，而由此产生的家畜粪便量远不能满足户用沼气池的发酵需求，进而致使大量户用沼气池因缺乏原料而失效，因此将原料缺口作为养户技合四结合系统的一个子系统。

（1）在原料缺口子系统中，户用沼气池启用数量的增加，对沼气池发酵原料的需求量也不断增加，但农村地区散养规模较小，农户无法生产出更多的沼气池原料，导致原料缺口量不断增加，最终使大量的户用沼气池因缺少原料而失效，由此刻画原料缺口子系统负反馈环。

第一，确定制约子系统发展的核心变量：户用沼气池启用数 $V_7(t)$，所需原料量 $V_{13}(t)$，原料缺口量 $V_{14}(t)$。

第二，分析核心变量的增减关联，确定因果链：户用沼气池启用数 $V_7(t)$ ——$\longrightarrow$ 所需原料量 $V_{13}(t)$，所需原料量 $V_{13}(t)$ ——$\longrightarrow$ 原料缺口量 $V_{14}(t)$，原料缺口量 $V_{14}(t)$ ——$\longrightarrow$ 户用沼气池启用数 $V_7(t)$。

第三，由不同因果链相同顶点的链接力，构建户用沼气池启用数 $V_7(t)$、所需原料量 $V_{13}(t)$、原料缺口量 $V_{14}(t)$ 之间的反馈环：户用沼气池启用数 $V_7(t)$ ——$\longrightarrow$ 所需原料量 $V_{13}(t)$ ——$\longrightarrow$ 原料缺口量 $V_{14}(t)$ ——$\longrightarrow$ 户用沼气池启用数 $V_7(t)$。

（2）在原料缺口子系统中，沼气效益的增加导致户用沼气池启用数的增加，而沼气池沼气产量是户用沼气池启用数增加的保障，由此刻画的原料缺口子系统的正反馈环同设备故障子系统及后续服务效率子系统中的正反馈环是一致的，即户用沼气池启用数 $V_7(t)$ ——$\longrightarrow$ 户用沼气池沼气产量 $V_{10}(t)$ ——$\longrightarrow$ 沼气效益 $V_{11}(t)$ ——$\longrightarrow$ 户用沼气池启用数 $V_7(t)$。

由以上分析构建原料缺口增长上限基模，如图 5.5 所示。

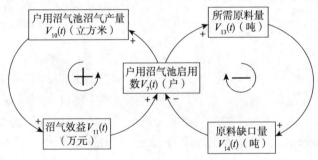

图 5.5　原料缺口增长上限基模

在养户技合模式运行之后，随着沼气服务合作社的运行，合作社会与农户之间进行合作，由合作社提供种猪及养殖补贴等措施，以此来提高农户的养殖积极性，进而扩大农户散养规模，增加农户自产的户用沼气池原料量。同时在养户技合模式中，将规模养殖场产生的剩余猪粪尿提供给使用户用沼气池的农户，能有效解决户用沼气池原料缺乏的问题；养殖场由于解决了剩余猪粪尿的污染问题也会一定程度上扩大养殖规模，进而提高其收益，实现养殖场与农户之间的双赢。

基于以上分析，构建两条新的正反馈环来消除户用沼气池原料缺口的问题，即户用沼气池启用数 $V_7(t)$ ——$^+$——所需原料量 $V_{13}(t)$ ——$^+$——合作社养殖补贴额 $V_{15}(t)$ ——$^+$——农户散养规模 $V_{16}(t)$ ————原料缺口量 $V_{14}(t)$ ————户用沼气池启用数 $V_7(t)$、户用沼气池启用数 $V_7(t)$ ——$^+$——所需原料量 $V_{13}(t)$ ——$^+$——养殖场提供原料量 $V_{17}(t)$ ————原料缺口量 $V_{14}(t)$ ————户用沼气池启用数 $V_7(t)$，由此建立原料缺口消除增长上限基模，如图 5.6 所示。

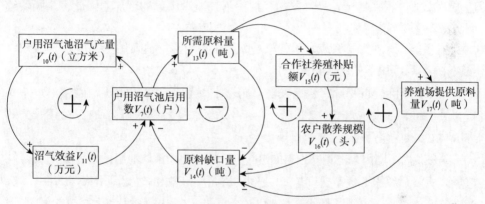

图 5.6　原料缺口消除增长上限基模

在图 5.6 中，增加了两条正反馈环来缓解原料缺口负反馈环的制约作用，提出解决原料缺口问题的杠杆解，即在合作社养殖补贴额不断增加的基础上，加深农户与合作社之间的合作，利用合作社提供养殖种猪以及提供养殖补贴等福利政策提高农户的养殖积极性，扩大农户散养规模，增加农户自产的家畜粪便量，进而解决户用沼气池原料量不足的问题；将规模养殖场未消耗的家畜粪便提供给农户，减小户用沼气池原料缺口，达到同时解决养殖场剩余粪便的环境污染问题以及户用沼气池原料量不足的问题，实现规模养殖场与使用户用沼气池的农户的双赢，提高规模养殖场的利润以及户用沼气池的利用水平。

5.1.4　后续服务效率子系统基模分析

后续服务体系规模较小也造成了户用沼气池失效。到 2014 年年底，江西省已建成 1 个省级沼气实训基地、45 个县级沼气服务站、3 165 个农村沼气服务网点，服务覆盖

121万户户用沼气池用户。虽然沼气后续服务体系不断壮大，但是由于政策体制不完善和沼气市场不成熟，当前江西省对沼气进行开发和利用的人力资源远不能满足当前农村户用沼气工程的发展需求，先进的沼气开发及生产技术得不到充分利用，同时，由于沼气后续服务体系建设起步较晚，加之缺少资金支持，沼气后续服务体系业务水平较差、设备配备不全，不能发挥其作用，从而抑制了户用沼气池的再利用水平。基于以上分析，将后续服务效率子系统作为养户技合四结合系统的一个子系统。

（1）在后续服务效率子系统中，户用沼气池启用数量的增加，导致其需要投入的资金也增加，而奖励资金不足、奖励滞后以及农户收入水平不高等因素导致系统中的资金缺口量越来越大。随着资金的匮乏，投入沼气后续服务体系建设中的资金将会越来越少，使后续服务体系的服务效率和发展水平受到制约，使后续服务效率缺口越来越大，最终制约了户用沼气池启用数的增加。因此，刻画后续服务效率子系统负反馈环。

第一，确定制约子系统发展的核心变量：户用沼气池启用数 $V_7(t)$ ，资金缺口量 $V_{18}(t)$ ，后续服务效率缺口 $V_{19}(t)$ 。

第二，分析核心变量的增减关联，确定因果链：户用沼气池启用数 $V_7(t) \xrightarrow{+}$ 资金缺口量 $V_{18}(t)$ ，资金缺口量 $V_{18}(t) \xrightarrow{+}$ 后续服务效率缺口 $V_{19}(t)$ ，后续服务效率缺口 $V_{19}(t) \xrightarrow{-}$ 户用沼气池启用数 $V_7(t)$ 。

第三，由不同因果链相同顶点的链接力，构建户用沼气池启用数 $V_7(t)$ 、资金缺口量 $V_{18}(t)$ 、后续服务效率缺口 $V_{19}(t)$ 之间的反馈环：户用沼气池启用数 $V_7(t) \xrightarrow{+}$ 资金缺口量 $V_{18}(t) \xrightarrow{+}$ 后续服务效率缺口 $V_{19}(t) \xrightarrow{-}$ 户用沼气池启用数 $V_7(t)$ 。

（2）在后续服务效率子系统中，沼气效益的增加是系统的动力，会导致户用沼气池启用数的增加，而户用沼气池沼气产量是户用沼气池启用数增加的保障，由此刻画的后续服务效率子系统的正反馈环同设备故障子系统中的正反馈环是一致的，即户用沼气池启用数 $V_7(t) \xrightarrow{+}$ 户用沼气池沼气产量 $V_{10}(t) \xrightarrow{+}$ 沼气效益 $V_{11}(t) \xrightarrow{+}$ 户用沼气池启用数 $V_7(t)$ 。

以上正负反馈环相互作用，构成了后续服务效率增长上限基模，如图5.7所示。

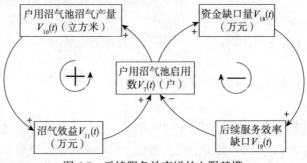

图 5.7　后续服务效率增长上限基模

在养户技合模式作用之后，沼气池设备故障数量的增加，导致资金缺口量越来越大，促使政府开始重视农村户用沼气工程的资金不足问题，进而促进政府加大奖励力度来保障农村可再生能源的建设和发展，提高沼气服务合作社的使用效率。沼气服务合作社数量的增加，会导致原先制约户用沼气池启用数发展的后续服务效率缺口不断减少,使后续服务体系的规模和户用沼气池的发展规模相匹配，促进户用沼气池启用数量的增加，提高户用沼气池再利用率。

根据以上分析，构建了一条新的正反馈环：户用沼气池启用数 $V_7(t)$ ——$^+$—→ 资金缺口量 $V_{18}(t)$ ——$^+$—→ 政府奖励资金 $V_{20}(t)$ ——$^+$—→ 沼气服务合作社数量 $V_{21}(t)$ ——→ 后续服务效率缺口 $V_{19}(t)$ ——→ 户用沼气池启用数 $V_7(t)$，由此建立后续服务效率缺口消除增长上限基模，如图 5.8 所示。

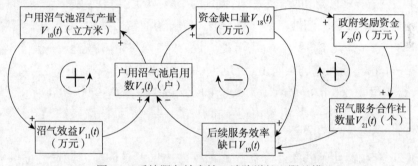

图 5.8　后续服务效率缺口消除增长上限基模

在图 5.8 中，增加了一条政府奖励资金 $V_{20}(t)$ ——$^+$—→ 沼气服务合作社数量 $V_{21}(t)$ 正反馈环来缓解后续服务体系缺口负反馈环的制约作用，说明在养户技合模式运行之后，能提出解决后续服务体系缺口问题的杠杆解，即加大政策奖励力度使更多的沼气服务合作社得以运行，降低因后续服务效率缺口低导致户用沼气池失效的数量，保证户用沼气池的正常运行，从而增加户用沼气池的使用数，提升户用沼气池的利用率。

5.1.5　沼液沼渣污染子系统基模分析

在户用沼气池运行过程中，家畜粪便经过充分发酵之后，会产生大量的沼液沼渣。以江西省 6 立方米的户用沼气池进行测算，平均一口户用沼气池一年能产生沼液约 11.25 吨、沼渣 1.88 吨。沼液沼渣中含有丰富的 N、P、K 等营养元素，折合后相当于约 0.36 吨的碳铵肥。若将沼液沼渣充分运用于农业种植中，仅一口沼气池一年将节约化肥农药费用约 1 008 元，加之沼气池建设基数较大，沼液沼渣带来的收益将非常可观。但是，农民受教育程度较低，加之配套的沼气服务体系不完善，沼气池发酵之后产生的沼液沼渣往往不能充分地得以二次利用，制约了农村户用沼气池的发展。因此，将沼液沼渣污染作为养户技合四结合系统的一个子系统。

（1）在沼液沼渣污染子系统中，户用沼气池产气量的增加，使发酵产生的沼液沼渣量也不断增加，但农民受教育程度低，环保意识不强，无法正确、及时地处理沼液沼渣，导致沼液沼渣的排放量不断增加，进而对环境的污染量也增加，最终使户用沼气池的正常使用受到影响，产气量也降低。由此刻画沼液沼渣污染子系统负反馈环。

第一，确定制约子系统发展的核心变量：户用沼气池沼气产量 $V_{10}(t)$，沼液沼渣产量 $V_{22}(t)$，沼液沼渣排放量 $V_{23}(t)$，污染量 $V_{24}(t)$。

第二，分析核心变量的增减关联，确定因果链：户用沼气池沼气产量 $V_{10}(t) \overset{+}{\longrightarrow}$ 沼液沼渣产量 $V_{22}(t)$，沼液沼渣产量 $V_{22}(t) \overset{+}{\longrightarrow}$ 沼液沼渣排放量 $V_{23}(t)$，沼液沼渣排放量 $V_{23}(t) \overset{+}{\longrightarrow}$ 污染量 $V_{24}(t)$，污染量 $V_{24}(t) \overset{-}{\longrightarrow}$ 户用沼气池沼气产量 $V_{10}(t)$。

第三，由不同因果链相同顶点的链接力，构建户用沼气池沼气产量 $V_{10}(t)$、沼液沼渣产量 $V_{22}(t)$、沼液沼渣排放量 $V_{23}(t)$、污染量 $V_{24}(t)$ 之间的反馈环：户用沼气池沼气产量 $V_{10}(t) \overset{+}{\longrightarrow}$ 沼液沼渣产量 $V_{22}(t) \overset{+}{\longrightarrow}$ 沼液沼渣排放量 $V_{23}(t) \overset{+}{\longrightarrow}$ 污染量 $V_{24}(t) \overset{-}{\longrightarrow}$ 户用沼气池沼气产量 $V_{10}(t)$。

（2）在沼液沼渣污染子系统中，沼气池沼气产量的增加会提升沼气效益，沼气效益的增加是户用沼气池启用数增加的保障，进而导致沼气池年消耗猪粪尿量也增加，最终发酵产生更多的沼气。由此刻画沼液沼渣污染子系统的正反馈环。

第一，确定促进子系统发展的核心变量：户用沼气池沼气产量 $V_{10}(t)$，沼气效益 $V_{11}(t)$，户用沼气池启用数 $V_7(t)$，沼气年消耗猪粪尿量 $V_6(t)$。

第二，分析核心变量之间的增减关系，确定因果链：户用沼气池沼气产量 $V_{10}(t) \overset{+}{\longrightarrow}$ 沼气效益 $V_{11}(t)$，沼气效益 $V_{11}(t) \overset{+}{\longrightarrow}$ 户用沼气池启用数 $V_7(t)$，户用沼气池启用数 $V_7(t) \overset{+}{\longrightarrow}$ 沼气年消耗猪粪尿量 $V_6(t)$，沼气年消耗猪粪尿量 $V_6(t) \overset{+}{\longrightarrow}$ 户用沼气池沼气产量 $V_{10}(t)$。

第三，由不同因果链相同顶点的链接力，构建户用沼气池沼气产量 $V_{10}(t)$、沼气效益 $V_{11}(t)$、户用沼气池启用数 $V_7(t)$、沼气年消耗猪粪尿量 $V_6(t)$ 之间的正反馈环：户用沼气池沼气产量 $V_{10}(t) \overset{+}{\longrightarrow}$ 沼气效益 $V_{11}(t) \overset{+}{\longrightarrow}$ 户用沼气池启用数 $V_7(t) \overset{+}{\longrightarrow}$ 沼气年消耗猪粪尿量 $V_6(t) \overset{+}{\longrightarrow}$ 户用沼气池沼气产量 $V_{10}(t)$。

由以上分析构建沼液沼渣污染增长上限基模，如图5.9所示。

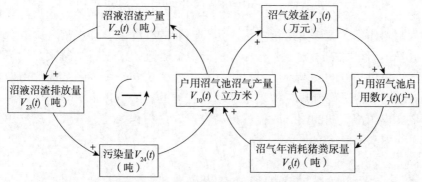

图 5.9　沼液沼渣污染增长上限基模

养户技合模式运行之后，沼气服务合作社负责一年两次清渣工作，同时能引导农户将沼液沼渣用于种植蔬菜、棉花以及雷公竹等，实现沼液沼渣的就地利用，减少沼液沼渣的排放量，从而减轻对环境造成的污染。此外，合作社对沼液沼渣进行集中处理，开发出沼液沼渣的其他利用途径之后，能增加沼气收入，提高沼气效益，促使户用沼气池启用数量增多，帮助提高户用沼气池的再利用率。

基于以上分析，构建沼液沼渣利用量 $V_{25}(t)$ 的正反馈环来消除沼液沼渣的污染问题，即户用沼气池沼气产量 $V_{10}(t)$ $\overset{+}{\longrightarrow}$ 沼液沼渣产量 $V_{22}(t)$ $\overset{+}{\longrightarrow}$ 沼液沼渣利用量 $V_{25}(t)$ $\overset{-}{\longrightarrow}$ 沼液沼渣排放量 $V_{23}(t)$ $\overset{+}{\longrightarrow}$ 污染量 $V_{24}(t)$ $\overset{-}{\longrightarrow}$ 户用沼气池沼气产量 $V_{10}(t)$、户用沼气池沼气产量 $V_{10}(t)$ $\overset{+}{\longrightarrow}$ 沼液沼渣产量 $V_{22}(t)$ $\overset{+}{\longrightarrow}$ 沼液沼渣利用量 $V_{25}(t)$ $\overset{+}{\longrightarrow}$ 沼气效益 $V_{11}(t)$ $\overset{+}{\longrightarrow}$ 户用沼气池启用数 $V_7(t)$ $\overset{+}{\longrightarrow}$ 沼气年消耗猪粪尿量 $V_6(t)$ $\overset{+}{\longrightarrow}$ 户用沼气池沼气产量 $V_{10}(t)$。由此建立沼液沼渣污染消除增长上限基模，如图 5.10 所示。

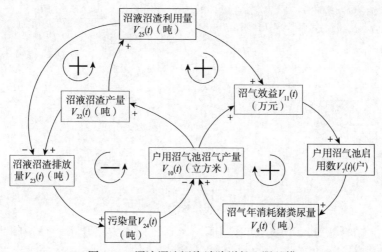

图 5.10　沼液沼渣污染消除增长上限基模

图 5.10 中,增加了沼液沼渣利用量 $V_{25}(t)$ 正反馈环来缓解沼液沼渣污染负反馈环的制约作用,提出解决沼液沼渣污染问题的杠杆解,即在沼气服务合作社运行数量不断增加的基础上,合作社引导农户处理沼液沼渣,解决户用沼气池沼液沼渣大量排放的问题。同时合作社技术能力比农户个体强,能对沼液沼渣进行有效的二次开发利用,实现增加沼气收益的目的。减少了对环境的压力的同时增加户用沼气池的沼气收益,提高农户的使用积极性,有效解决户用沼气池的再利用水平低的问题。

5.1.6　养户技合模式因果关系图及分析

将上文建立的规模养殖污染子系统基模、设备故障子系统基模、原料缺口子系统基模、后续服务效率子系统基模以及沼液沼渣污染子系统基模进行整合,构建养户技合模式的因果关系图,如图 5.11 所示。

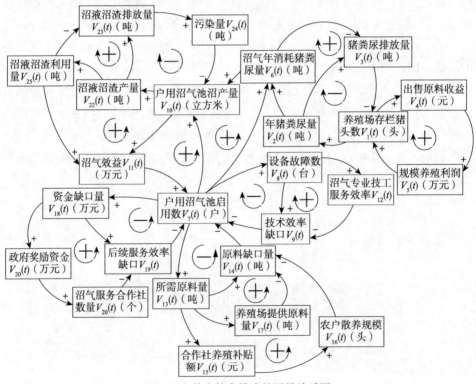

图 5.11　养户技合模式的因果关系图

由图 5.11 可知,养户技合模式运行之后,对系统增加了七个正反馈环,可以消除原系统中负反馈环的制约作用。就规模养殖污染子系统而言,养户技合模式能将系统中起制约作用的家畜粪便作为户用沼气池发酵原料，降低了家畜粪便污染对规模养殖发展的抑制；就设备故障子系统而言，养户技合模式能提供沼气专业技工帮助解决技术效率较低的问题，成为解决设备故障问题的杠杆解；就原料缺口子系统而言，通过规模养殖场和沼气服务合作社两方面的作用，能解决户用沼气池原料不足的问题，消除系统中的制约作用；就后续服务效率子系统而言，养户技合模式能帮助合作社获得更多资金的支持来扩大沼气后续服务体系的规模，让后续服务体系规模与户用沼气池规模相匹配，解决后续服务效率低下对户用沼气池的制约作用；就沼液沼渣污染子系统而言，养户技合模式能让沼气服务合作社引导农户将沼液沼渣用于农业种植中，既帮助农户解决沼液沼渣的污染问题又节约了化肥农药开支，成为解决沼液沼渣污染子系统的杠杆解。

综合上述分析可知，养户技合模式能有效解决导致户用沼气池失效的主要问题，能显著提高户用沼气池启用数量，是推进户用沼气池再利用水平增长的有效方法。

5.1.7　子系统基模分析小结

本节对养户技合模式进行了系统分析，主要是在第 4 章的基础上，建立养户技合模式各子系统在该模式运行前的增长上限基模和运行后的增长上限杠杆解基模，然后通过对比分析，探讨养户技合模式对解决户用沼气池再利用过程中的设备故障、原料不足、后续服务效率不足、沼液沼渣污染及规模养殖污染等问题的有效性。通过对各子系统进行整合，发现养户技合模式在运行后，能有效消除各增长上限子系统中制约负反馈环的抑制作用，在解决了户用沼气池再利用过程中存在问题的同时还能解决规模养殖场家畜粪便的环境污染问题，能实现提高户用沼气池再利用水平、改善农村生态环境、提高沼气效益和规模养殖效益的目的。

5.2　养户技合模式 SD 仿真模型及仿真分析

本章在 5.1 节对养户技合模式进行系统分析的基础上，为进一步刻画各变量之间的关系及作用，将构建养户技合模式系统动力学仿真模型并建立仿真方程。同时结合江西省实情进行仿真分析，对养户技合模式运行之后的各项指标进行预测和研究，证明养户技合模式能有效提高户用沼气池利用水平。

5.2.1 建立养户技合模式 SD 仿真模型

1. 建立流位流率系

根据 5.1 节对养户技合模式各子系统基模分析的基础上，建立对应的流位流率系，如表 5.1 所示。

表 5.1　流位流率系

流位变量		流率变量	
变量名称	单位	变量名称	单位
户用沼气池启用数 $L_1(t)$	万户	户用沼气池利用率 $R_1(t)$	万户/年
户用沼气池年产沼气量 $L_2(t)$	立方米	户用沼气池年产沼气量变化量 $R_2(t)$	立方米
沼液沼渣排放量 $L_3(t)$	吨	沼液沼渣排放量变化量 $R_3(t)$	吨
规模养殖净利润 $L_4(t)$	万元	规模养殖净利润年变化量 $R_4(t)$	万元
户用沼气池未消耗猪粪量 $L_5(t)$	万吨	户用沼气池未消耗猪粪量变化量 $R_5(t)$	万吨/年
年猪粪量 $L_6(t)$	万吨	年猪粪量变化量 $R_6(t)$	万吨
年出栏猪头数 $L_7(t)$	万头	年出栏猪头数变化量 $R_7(t)$	万头
年底存栏猪头数 $L_8(t)$	万头	年度存栏猪头数变化量 $R_8(t)$	万头
专业技工数 $L_9(t)$	万人	专业技工数变化量 $R_9(t)$	万人/年
合作社数量 $L_{10}(t)$	万家	合作社数量变化量 $R_{10}(t)$	万家/年

2. 模型基本假设

在构建系统动力学仿真模型之前，由于时间限制，特简化模型便于研究，因此对模型建立以下假设：

（1）不考虑场用沼气工程发酵产生的沼气，仅考虑户用沼气池发酵生产的沼气。

（2）假设规模养殖场将猪尿全部用于自己生产，提供给户用沼气池的原料全部为猪粪，且提供量为猪粪总量的一半。

（3）政策影响只考虑奖励政策的影响，不考虑其他政策。

3. 建立养户技合模式 SD 仿真模型

应用系统动力学相关理论，建立养户技合模式的系统动力学仿真模型，如图 5.12 所示，该模型是以户用沼气池启用数为核心，根据系统中物质流的动向建立的复杂系统。

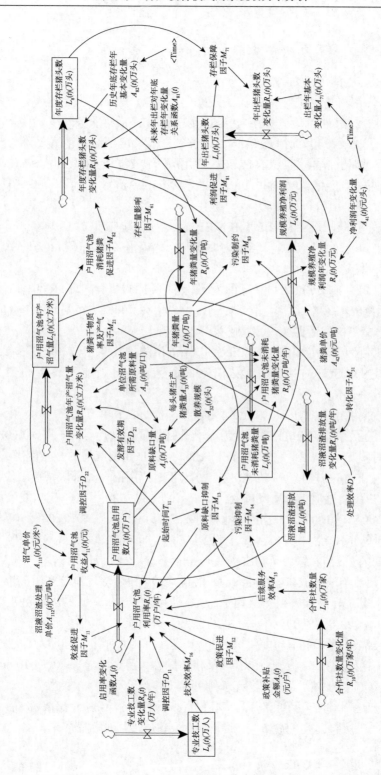

图 5.12　养户技合模式系统动力学仿真模型

4. 仿真方程及参数估计

系统中主要的仿真方程如下。

（1）户用沼气池利用率 $R_1(t)$（万户/年）=（（政策促进因子 M_{12}+效益促进因子 M_{11}-原料缺口抑制因子 M_{13}-污染抑制因子 M_{14}+后续服务效率 $M_{15}(t)$+技术效率 $M_{16}(t)$）×（起始时间 T_{11}+调控因子 D_{12}））×启用率变化函数 $A_4(t)$。

效益促进因子 M_{11}= IF THEN ELSE（"户用沼气池收益 $A_{11}(t)$（元）">0，1，0.99）。

政策促进因子 M_{12}=IF THEN ELSE（"政策补贴金额 $A_2(t)$（元/户）">0，2，1.5）。

原料缺口抑制因子 M_{13}= IF THEN ELSE（"原料缺口量 $A_3(t)$（万吨）">0，"原料缺口量 $A_3(t)$（万吨）"×起始时间 T_{11}/"年猪粪量 $L_6(t)$（万吨）"-"后续服务效率 $M_{15}(t)$"，0）。

原料缺口量 $A_3(t)$（万吨）=单位沼气池所需原料量 $A_{31}(t)$（吨/口）×户用沼气池启用数 $L_1(t)$（万户）-散养规模 $A_{32}(t)$（头）×每头猪生产猪粪量 $A_{33}(t)$（吨）-0.5×年猪粪量 $L_6(t)$（万吨）。

污染抑制因子 M_{14}= IF THEN ELSE（"沼液沼渣排放量 $L_3(t)$（吨）">1，0.03，0）+IF THEN ELSE（"户用沼气池未消耗猪粪量 $L_5(t)$（万吨）">1，0.02，0）-后续服务效率 M_{15}。

技术效率 M_{16}=IF THEN ELSE（"专业技工数 $L_9(t)$（万人）">0，0.5，0）。

后续服务效率 M_{15}=IF THEN ELSE（"合作社数量 $L_{10}(t)$（万家）">0，0.5，0）。

起始时间 T_{11}=STEP（2.5，2005），2005 年为户用沼气池的开始使用的时间。

调控因子 D_{11}=STEP（-1，2015），2015 年对户用沼气池采取调控手段。

（2）户用沼气池年产沼气量变化量 $R_2(t)$（立方米）=（（"年猪粪量 $L_6(t)$（万吨）"×0.5×10 000+"户用沼气池启用数 $L_1(t)$（万户）"×10 000×"单位沼气池所需原料量 $A_{31}(t)$（吨/口）"×调控因子 D_{22}-"原料缺口量 $A_3(t)$（万吨）"）×发酵有效期因子 D_{21}×猪粪干物质率及产气因子 M_{21}×起始时间 T_{11}。

（3）沼液沼渣排放量变化量 $R_3(t)$（吨/年）=户用沼气池年产沼气量 $L_2(t)$（立方米）/猪粪干物质率及产气因子 M_{21}×转化因子 M_{31}×（1-处理效率 D_4×合作社数量 $L_{10}(t)$（万家））。

（4）规模养殖净利润年变化量 $R_4(t)$（万元）=净利润年变化量 $A_{41}(t)$（元/头）×年出栏猪头数 $L_7(t)$（万头）+年猪粪量 $L_6(t)$（万吨）×0.5×10 000×猪粪单价 $A_{42}(t)$（元/吨）-规模养殖净利润 $L_4(t)$（万元）。

（5）户用沼气池未消耗猪粪量变化量 $R_5(t)$（万吨/年）=年猪粪量 $L_6(t)$（万吨）×0.5-户用沼气池启用数 $L_1(t)$（万户）×单位沼气池所需原料量 $A_{31}(t)$（吨/

口）–户用沼气池未消耗猪粪量 $L_5(t)$（万吨）。

（6）年猪粪量变化量 $R_6(t)$（万吨）=存栏量影响因子 M_{61}×年底存栏猪头数 $L_8(t)$（万头）×365–年猪粪量 $L_6(t)$（万吨）。

（7）年出栏猪头数变化量 $R_7(t)$（万头）=出栏年基本变化量 $A_{71}(t)$（万头）×存栏保障因子 M_{71}。

存栏保障因子 M_{71}=年底存栏猪头数 $L_8(t)$（万头）/年出栏猪头数 $L_7(t)$（万头）。

（8）年底存栏猪头数年变化量 $R_8(t)$（万头）=历史年底存栏年基本变化量 $A_{82}(t)$（万头）+未来年出栏对年底存栏年变化量关系函数 $A_{81}(t)$×年出栏猪头数变化量 $R_7(t)$（万头）×利润促进因子 M_{81}×户用沼气池消耗猪粪促进因子 M_{82}×污染制约因子 M_{83}。

未来年出栏对年底存栏年变化量关系函数 $A_{81}(t)$ = STEP（1，2015）。

利润促进因子 M_{81}= IF THEN ELSE（"规模养殖净利润 $L_4(t)$（万元）">0，1，0.99）。

户用沼气池消耗猪粪促进因子 M_{82}= IF THEN ELSE（"户用沼气池年产沼气量 $L_2(t)$（立方米）">0，1，0.99）。

污染制约因子 M_{83}=–（户用沼气池未消耗猪粪量 $L_5(t)$（万吨）/年猪粪量 $L_6(t)$（万吨））。

（9）专业技工数 L_9（万人）=IF THEN ELSE（"户用沼气池利用率 $R_1(t)$（万户/年）">1，0.003 3，0）。

（10）合作社数量变化量 $R_{10}(t)$（万家/年）=IF THEN ELSE（"户用沼气池利用率 $R_1(t)$（万户/年）">1，0.000 2，0）。

（11）户用沼气池收益 $A_{11}(t)$（元）= 户用沼气池年产沼气量 $L_2(t)$（立方米）×沼气单价 $A_{111}(t)$（元/米^3）+IF THEN ELSE（"沼液沼渣排放量 $L_3(t)$（吨）">0，–沼液沼渣处理单价 $A_{112}(t)$（元/吨）×沼液沼渣排放量 $L_3(t)$（吨），0）。

模型参数估计如表 5.2 所示。

表 5.2　模型参数估计

参数	初始值或估计值
户用沼气池启用数 $L_1(t)$ /万户	104
户用沼气池年产沼气量 $L_2(t)$ /立方米	1.54×10^8
沼液沼渣排放量 $L_3(t)$ /吨	$1.365\ 5 \times 10^7$
规模养殖净利润 $L_4(t)$ /万元	219 304.4
户用沼气池未消耗猪粪量 $L_5(t)$ /万吨	2 380
年猪粪量 $L_6(t)$ /万吨	3 133.36
年出栏猪头数 $L_7(t)$ /万头	2 237.8
年底存栏猪头数 $L_8(t)$ /万头	1 566.68

续表

参数	初始值/估计值
专业技工数 $L_9(t)$ /万人	0
合作社数量 $L_{10}(t)$ /万家	0
政策补贴金额 $A_2(t)$ /（元/户）	60
户用沼气池收益 $A_{11}(t)$ /元	0
奖励比例 M_{211}	0.1
猪粪干物质率及产气因子 M_{21}	18%×257.3
发酵有效期因子 D_{21}	0.73
调控因子 D_{22}	0.15
单位沼气池所需原料量 $A_{31}(t)$ /（吨/口）	7.3
散养规模 $A_{32}(t)$ /头	1
每头猪生产猪粪量 $A_{33}(t)$ /（吨）	3
转化因子 M_{31}	0.14
处理效率 D_4	0.73
沼气单价 A_{111}/（元/米^3）	0.8
存栏量影响因子 M_{61}	0.174
猪粪单价 $A_{42}(t)$ /（元/吨）	2

模型中的表函数如表 5.3~表 5.5 所示。

表 5.3　2005~2014 年江西省年出栏猪头数

年份	2005	2006	2007	2008	2009	2010	2011	2012	2013	2014
年出栏猪头数/万头	2 237.8	2 347.5	2 381.5	2 536.9	2 714.2	2 847.2	2 884.8	3 050.6	3 150.3	3 325.7

资料来源：《中国统计年鉴》（2015 年）

表 5.4　2005~2014 年江西省年底存栏猪头数

年份	2005	2006	2007	2008	2009	2010	2011	2012	2012	2014
年存栏猪头数/万头	1 566.7	1 510.9	1 420.1	1 508.7	1 569.7	1 540.7	1 570.5	1 645.9	1 708	1 738.6

资料来源：《中国统计年鉴》（2015 年）

表 5.5　2005~2013 年生猪养殖净利润

年份	2005	2006	2007	2008	2009	2010	2011	2012	2013
净利润/（元/头）	70.75	90.27	374.13	304.22	58.1	62.83	203.02	57.95	44.86

资料来源：《中国农村统计年鉴》（2014 年）

5.2.2　模型仿真及结果分析

运用 Vensim DSS 软件对养户技合模式系统动力学仿真模型进行仿真，仿真时间为 2005~2030 年，仿真步长为 1 年，通过软件模拟，对养户技合模式运行前后的各项指标进行分析和预测，主要考察的指标具体为户用沼气池启用数 $L_1(t)$（万户）、户用沼气池年产沼气量 $L_2(t)$（立方米）、沼液沼渣排放量 $L_3(t)$（吨）、规模养殖净利润 $L_4(t)$（万元）、户用沼气池未消耗猪粪量 $L_5(t)$（万吨）、户用沼气池收益 $A_{11}(t)$（元）、原料缺口量 $A_3(t)$（万吨）以及原料缺口抑制因子 M_{13}、污染抑制因子 M_{14} 以及污染制约因子 M_{83}。

1. 户用沼气池启用数 $L_1(t)$（万户）仿真结果分析

户用沼气池启用数 $L_1(t)$（万户）仿真结果如图 5.13 所示。

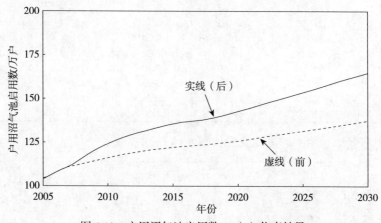

图 5.13　户用沼气池启用数 $L_1(t)$ 仿真结果

图 5.13 表示户用沼气池启用数的变化情况，图中较低的虚线表示养户技合模式未实行之前的情况模拟，位置较高实线表示养户技合模式施行后对户用沼气池启用数量的影响情况。需要特别说明的是，实线模拟的情况是沼气专业技工提供的技术服务效率和沼气服务合作社的后续服务效率为 50% 的情况。通过对实线与虚线两线的比较可以看出，在 2007 年之前两条线并没有差异，在 2007 年之后，实线上升的幅度要大于虚线；在 2020 年之后，实线的倾斜程度也要比虚线大，证明养户技合模式实行之后，户用沼气池的启用数量较未运行该模式之前得到提升。

借助仿真数据能更清晰地显示出户用沼气池启用数量在未来的变化情况。在没有养户技合模式时，户用沼气池的启用数量增加比较缓慢，到 2014 年年底全省户用沼气池启用数为 121.30 万户，实际利用率仅为 60%；依据江西省"十三五"农村沼气工程建设规划，未来将不会继续大规模建设户用沼气池，而是提高沼气池的实际利用率，增加启用数量。在养户技合模式运行后，2014 年户用沼气池启用数为 143.93 万户，较未采用该模式时增加了约 23 万户，实际利用率提升为 73%，较未运行之前提高 13% 左右；到 2030 年户用沼气池启用数为 175.11 万户，较未采用该模式时增加了约 38 万户启用者，实际利用率提高为 90%，较未运行之前启用数增加了 1.3 倍，证明了养户技合模式能解决户用沼气池再利用过程存在的问题，能提高农村户用沼气池的启用数量。具体仿真数据见表 5.6。

表 5.6　户用沼气池启用数 $L_1(t)$ 仿真数据（单位：万户）

年份	$L_1(t)$ 前	$L_1(t)$ 后	年份	$L_1(t)$ 前	$L_1(t)$ 后
2005	104	104	2018	123.93	149.27
2006	107.68	107.95	2019	124.83	151.06
2007	110.78	114.11	2020	125.78	152.94
2008	112.36	120.98	2021	126.90	155.17
2009	114.32	127.05	2022	128.02	157.39
2010	116.22	132.13	2023	129.14	159.61
2011	117.95	136.41	2024	130.27	161.83
2012	119.28	139.49	2025	131.40	164.05
2013	120.37	141.91	2026	132.53	166.26
2014	121.30	143.93	2027	133.66	168.48
2015	122.21	145.82	2028	134.80	170.69
2016	122.67	146.75	2029	135.93	172.90
2017	123.20	147.82	2030	137.07	175.11

户用沼气池利用率的仿真结果如图 5.14 所示。

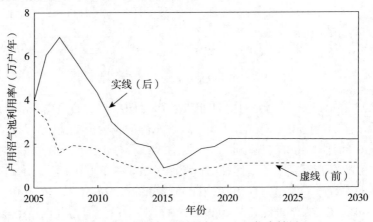

图 5.14　户用沼气池利用率 $R_1(t)$ 仿真结果

图 5.14 表示户用沼气池利用率的变化情况，虚线表示在未运行该模式之前，户用沼气池的利用率水平在 2015 年之前一直呈下降的趋势，符合江西省实际的户用沼气池使用情况，实际使用率在 2015 年之后开始逐步平缓上升并趋于稳定。养户技合模式实行之后，户用沼气池利用率也有所提高，证明该模式能有效提高沼气池的实际利用率。

图 5.13 和图 5.14 模拟的是技工提供的技术服务效率和沼气服务合作社的后续服务效率均为 50% 的情况。根据江西省"十三五"规划中的计划可知，政府会加

强对技工和合作社的管理和投资力度，意味着在未来技工的技术效率和沼气服务合作社的后续服务效率也会相应增加。因此有必要模拟技术效率和后续服务效率提高后对户用沼气池启用数的影响。

（1）技术效率为80%的户用沼气池启用数 $L_1(t)$ 仿真结果分析（图5.15）。

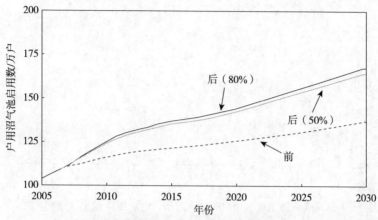

图5.15 技术效率为80%的户用沼气池启用数 $L_1(t)$ 仿真结果

由图5.15可以看出，图中位置较低的曲线为未采用养护技合模式时模拟的情况，位置较高的两条线为养户技合模式实行后的情况。其中，最上面的一条曲线表示技术效率为80%的情况，较低的一条曲线为技术效率为50%的情况。通过两条曲线的位置可以看出，提高技术效率，可以增加户用沼气池启用数量，但是从图5.15中也可以看出，提高技术效率对户用沼气池的启用数的影响程度并不大，借助仿真数据能更详细地说明，具体仿真数据见表5.7。

表5.7 技术效率为80%的户用沼气池启用数 $L_1(t)$ 仿真数据（单位：万户）

年份	$L_1(t)$（50%）	$L_1(t)$（80%）	年份	$L_1(t)$（50%）	$L_1(t)$（80%）
2005	104	104	2018	138.93	140.73
2006	108.01	108.01	2019	140.68	142.59
2007	111.10	111.10	2020	142.54	144.56
2008	115.84	116.16	2021	144.75	146.89
2009	120.31	120.93	2022	146.96	149.22
2010	124.20	125.08	2023	149.17	151.57
2011	127.55	128.66	2024	151.40	153.91
2012	130.01	131.28	2025	153.62	156.27
2013	131.98	133.38	2026	155.85	158.62
2014	133.83	135.34	2027	158.08	160.98
2015	135.60	137.21	2028	160.32	163.34
2016	136.49	138.15	2029	162.55	165.70
2017	137.51	139.24	2030	164.79	168.07

由表5.7中的数据可知，技术效率由50%提升为80%时，在2020~2030年相

较于技术效率为 50%的情况，技术效率为 80%时的平均每年户用沼气池启用数增长 2 万户左右，说明提升沼气技工的技术效率能增加沼气池的启用数量。

（2）后续服务效率为 80%的户用沼气池启用数 $L_1(t)$ 仿真结果分析（图 5.16）。

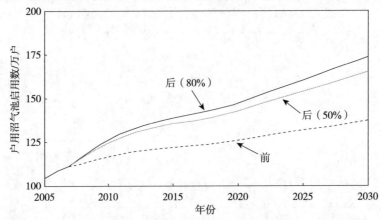

图 5.16   后续服务效率为 80%的户用沼气池启用数 $L_1(t)$ 仿真结果

由图 5.16 可以看出，图中位置较低的曲线为未采用养户技合模式时模拟的情况，位置较高的两条线为养户技合模式实行后的情况。其中，最上面的一条曲线表示后续服务效率为 80%的情况，较低的一条曲线为后续服务效率为 50%的情况。通过这两条曲线的位置可以看出，提高后续服务效率，可以增加户用沼气池的启用数量，且后续服务效率的变动对户用沼气池启用数的影响程度要大于技术效率。

通过仿真数据可知，后续服务效率由 50%提升为 80%时，在 2020~2030 年，平均每年户用沼气池启用数增长 6.5 万户左右，要高于技术效率变动时的 2 万户左右，说明提升合作社的后续服务效率能增加沼气池的启用数量，提升实际利用率，仿真数据见表 5.8。

表 5.8   后续服务效率为 80%时户用沼气池启用数 $L_1(t)$ 仿真数据（单位：万户）

年份	$L_1(t)$（50%）	$L_1(t)$（80%）	年份	$L_1(t)$（50%）	$L_1(t)$（80%）
2005	104.00	104.00	2018	138.93	142.95
2006	108.01	108.01	2019	140.68	145.01
2007	111.10	111.10	2020	142.54	147.19
2008	115.84	115.84	2021	144.75	149.77
2009	120.31	120.31	2022	146.96	152.36
2010	124.20	124.20	2023	149.17	154.96
2011	127.55	127.55	2024	151.40	157.56
2012	130.01	132.55	2025	153.62	160.17
2013	131.98	134.78	2026	155.85	162.78
2014	133.83	136.97	2027	158.08	165.39
2015	135.60	139.04	2028	160.32	168.01
2016	136.49	140.09	2029	162.55	170.62
2017	137.51	141.29	2030	164.79	173.24

（3）技术效率和后续服务效率均为 80% 的户用沼气池启用数 $L_1(t)$ 仿真结果分析（图 5.17）。

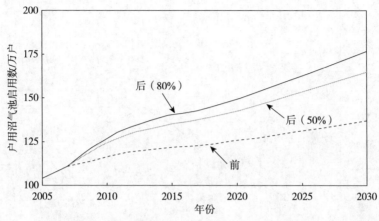

图 5.17　技术效率和后续服务效率均为 80% 的户用沼气池启用数 $L_1(t)$ 仿真结果

由图 5.17 可以看出，最上面的一条曲线表示技术效率和后续服务效率均为 80% 的情况，较低的一条曲线为两者均为 50% 的情况。借助仿真数据可以更清晰地看出户用沼气池启用数的增长情况，具体见表 5.9。

表 5.9　技术效率和后续服务效率为 80% 时户用沼气池启用数 $L_1(t)$ 仿真数据（单位：万户）

年份	$L_1(t)$（50%）	$L_1(t)$（80%）	年份	$L_1(t)$（50%）	$L_1(t)$（80%）
2005	104.00	104.00	2018	138.93	144.76
2006	108.01	108.01	2019	140.68	146.91
2007	111.10	111.10	2020	142.54	149.21
2008	115.84	116.80	2021	144.75	151.91
2009	120.31	122.17	2022	146.96	154.63
2010	124.20	126.84	2023	149.17	157.35
2011	127.55	130.86	2024	151.40	160.08
2012	130.01	133.82	2025	153.62	162.82
2013	131.98	136.18	2026	155.85	165.55
2014	133.83	138.48	2027	158.08	168.29
2015	135.60	140.66	2028	160.32	171.03
2016	136.49	141.75	2029	162.55	173.77
2017	137.51	143.02	2030	164.79	176.52

由图 5.17 和表 5.9 可知，提高技术效率和后续服务效率，可以增加户用沼气池启用数量且此时的影响程度最大，当技术效率和后续服务效率由 50% 提升为 80% 时，在 2020~2030 年，平均每年户用沼气池启用数增长 9.2 万户左右，说明

提升合作社的后续服务效率能增加沼气池的启用数量，此时的户用沼气池利用率也有所增加，具体见图 5.18。

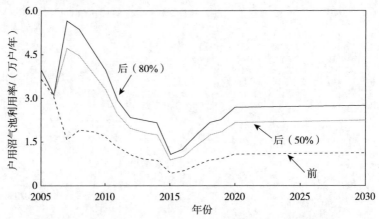

图 5.18　技术效率和后续服务效率均为 80% 的户用沼气池利用率 $R_1(t)$ 仿真结果

2. 户用沼气池年产沼气产量 $L_2(t)$ 仿真结果分析

户用沼气池年产沼气量 $L_2(t)$（立方米）仿真结果如图 5.19 所示。

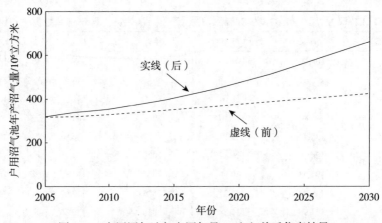

图 5.19　户用沼气池年产沼气量 $L_2(t)$ 前后仿真结果

图 5.19 表示户用沼气池年产沼气量的变化情况，图中虚线表示养户技合模式未实行之前的情况模拟，实线表示该模式施行后对户用沼气池年产沼气量的影响情况。养户技合模式实行之后，户用沼气池的产气量将会大幅度增加。

借助表 5.10 的仿真数据可以看出，在没有采用养户技合模式之前，户用沼气池年产沼气量在增加但每年的增长幅度较为缓慢，到 2030 年，未采用养户技合模式时，能产生 4.2155×10^8 立方米沼气。在养户技合模式实行之后，由于规模养殖场提供沼气池发酵原料、合作社解决后续服务的问题、沼气专业技工协助解决沼气池故障，这一系列措施促使户用沼气池启用数量增加，让沼气池的产气量也大幅度上升，到 2030 年年底，可生产沼气近 $6.636\,0 \times 10^8$ 立方米，实现江西省农村沼气能源"十三五"规划的沼气产量 5 亿立方米以上的目标，极大地提高了沼气产量，增加了沼气效益，更好地实现节能减排和绿色、经济生产的目的。

表 5.10　户用沼气池沼气产量 $L_2(t)$ 仿真数据（单位：10^6 立方米）

年份	$L_2(t)$ 前	$L_2(t)$ 后	年份	$L_2(t)$ 前	$L_2(t)$ 后
2005	316.45	316.45	2018	364.28	444.54
2006	316.45	328.59	2019	368.86	459.53
2007	316.45	333.44	2020	373.43	474.98
2008	320.52	339.23	2021	378.06	491.17
2009	324.66	345.97	2022	382.72	507.99
2010	328.86	353.58	2023	387.43	525.41
2011	333.13	362.07	2024	392.18	543.44
2012	337.47	371.44	2025	396.97	562.05
2013	341.86	381.58	2026	401.80	581.23
2014	346.29	392.53	2027	406.68	600.99
2015	350.75	404.30	2028	411.59	621.30
2016	355.24	416.92	2029	416.55	642.18
2017	359.75	430.36	2030	421.55	663.60

3. 沼液沼渣排放量 $L_3(t)$ 仿真结果分析

沼液沼渣排放量 $L_3(t)$（吨）仿真结果如图 5.20 所示。

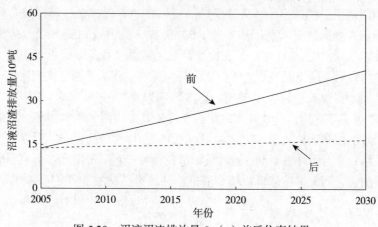

图 5.20　沼液沼渣排放量 $L_3(t)$ 前后仿真结果

图 5.20 表示户用沼气池沼液沼渣排放量的变化情况，图中"前"表示养户技合模式未实行之前的情况模拟，"后"表示养户技合模式施行后对沼液沼渣排放量的影响情况，在养户技合模式实行之后，沼液沼渣的排放量将会呈现急剧减少、基本保持水平的情况，具体仿真数据见表 5.11。

表 5.11　沼液沼渣排放量 $L_3(t)$ 仿真数据（单位：10^6 吨）

年份	$L_2(t)$ 前	$L_2(t)$ 后	年份	$L_2(t)$ 前	$L_2(t)$ 后
2005	13.65	13.62	2018	27.05	15.04
2006	14.61	13.75	2019	27.89	15.17
2007	15.56	13.84	2020	29.01	15.30
2008	16.52	13.94	2021	30.64	15.44
2009	17.49	14.03	2022	31.28	15.58
2010	18.48	14.13	2023	32.44	15.73
2011	19.48	14.24	2024	33.61	15.88
2012	20.50	14.34	2025	34.79	15.98
2013	21.54	14.45	2026	35.99	16.12
2014	22.60	14.56	2027	37.21	16.25
2015	23.67	14.67	2028	38.44	16.39
2016	24.77	14.79	2029	39.68	16.53
2017	25.90	14.91	2030	40.91	16.67

图 5.20 中实线随着沼气池使用数量开始增加而不断向上倾斜，到 2030 年仅户用沼气池就可以向环境中排放 4 091 万吨左右的沼液沼渣，造成极大的环境污染。在养户技合模式推行之后，图 5.20 中实线就表明了该模式在处理沼液沼渣方面的优越性，图 5.20 中实线模拟的情况是沼气服务合作社处理农户家中户用沼气池发酵产生的沼液沼渣的效率为 75% 的情况。到 2030 年时，经过养户技合模式的运行，沼液沼渣的排放量将急剧减少至 1 667 万吨，减少近 60%。

通过表 5.11 中仿真数据及图 5.20 实线、虚线两条线的趋势可以说明，养户技合模式实行之后，能使沼液沼渣排放量大幅度减少。在未实行该模式之前，通过仿真数据可知，实线斜率为 1.16 左右，虚线斜率为 0.12 左右，实线斜率是虚线的近10 倍，证明了养户技合模式实行之后能有效提高户用沼气池利用率、增加沼气池产气量。同时也证明成立足够数量的沼气服务合作社和提高合作社引导农户处理沼液沼渣效率，能实现对户用沼气池沼液沼渣的循环处理、帮助开发沼液沼渣的二次利用的目的，进而大幅度降低沼液沼渣排放量，提高农村户用沼气池利用率。

4. 规模养殖净利润 $L_4(t)$ 仿真结果分析

规模养殖净利润 $L_4(t)$ 仿真结果分析如图 5.21 所示。

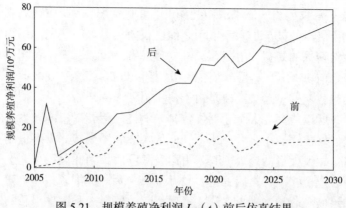

图 5.21 规模养殖净利润 $L_4(t)$ 前后仿真结果

图 5.21 表示规模养殖净利润的变化情况，图中虚线表示养户技合模式未实行之前的情况模拟，实线前表示养户技合模式施行后对规模养殖净利润变化的影响情况。图 5.21 中虚线后表示规模养殖净利润呈现一定规律的涨跌交替的情况，这是每年的生猪价格和出栏猪头数的波动引起的。建立的系统动力学模型中没有考虑养殖场沼气工程产生的沼气，所以不考虑养殖场沼气效益，因此规模养殖净利润主要由规模养殖和出售剩余粪便两部分构成。随着沼气池启用数的增加，对原料的需求量不断增加，沼气池用户会购买原料，因此后期规模养殖场收益也不断增加。实线是假定规模养殖场向农户出售畜粪价格为 2 元/吨的情况，到 2030 年仅向农户出售沼气池原料一项就可以提高 5 倍左右的规模养殖净利润，其收益程度非常可观，加之养殖场自身沼气工程产生的效益，可以预见养户技合模式能在很大程度上提高规模养殖净利润，实现养殖场与周边使用户用沼气池的农户的双赢。

5. 户用沼气池未消耗猪粪量 $L_5(t)$ 仿真结果分析

户用沼气池未消耗猪粪量 $L_5(t)$ 仿真结果分析如图 5.22 所示。

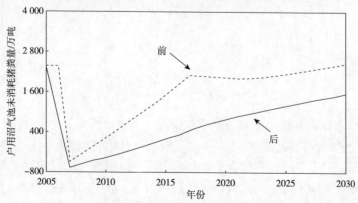

图 5.22 户用沼气池未消耗猪粪量 $L_5(t)$ 前后仿真结果

　　图 5.22 表示户用沼气池未消耗猪粪量的变化情况，图中虚线后表示在沼气服务合作社和沼气专业技工加入系统中之前，仅由规模养殖场向户用沼气池提供沼气池发酵原料情景的模拟。由图 5.22 中虚线（前）可以看出，在合作社和沼气技工进入系统之前，户用沼气池未消耗的猪粪量在 2006 年会呈现之前先下降然后再缓慢上升的趋势。这一趋势主要是由于户用沼气池刚开始建设，使用积极性和使用程度较高，所以能消耗大量原料导致其未消耗的猪粪量急剧减少。之后随着户用沼气池建设规模逐步扩大，户用沼气池的实际利用率却并没有提高，因为不能消耗其原料，导致大量的猪粪原料未得以发酵利用，因此虚线呈现上升的趋势。

　　在养户技合模式推行之后，图 5.22 中实线（后）模拟了规模养殖场、沼气服务合作社和沼气专业技工进入系统之后对沼气池原料的利用率水平的影响，通过对实线进行分析之后，可以看出户用沼气池未消耗的猪粪量从总量上开始减少，证明该模式可以提高沼气池的发酵效率，减少原料不必要的浪费。同时对比实线和虚线可知，养户技合模式运行之后，随着户用沼气池启用数量和沼气池沼气产量的增加，户用沼气池的发酵效率将不随养殖场提供的原料量进行变动，证明了养户技合模式在解决户用沼气池未消耗的猪粪量的问题上是可行的。

6. 户用沼气池收益 $A_{11}(t)$ 仿真结果分析

　　户用沼气池收益 $A_{11}(t)$ 仿真结果分析如图 5.23 所示。

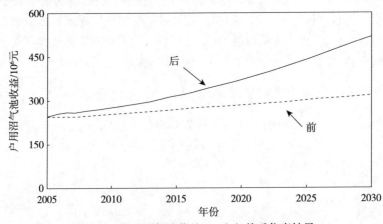

图 5.23　户用沼气池收益 $A_{11}(t)$ 前后仿真结果

　　图 5.23 表示户用沼气池收益的变化情况，图中虚线（前）表示养户技合模式未实行之前的情况模拟，实线（后）表示养户技合模式施行后对沼气池收益变化的影响情况，可以看出养户技合模式运行之后，户用沼气池的收益情况由原来该模式未运行之前的平缓上升的直线转变为一条向上倾斜的曲线。图 5.23 中虚线表示在沼气服务合作社和沼气专业技工加入系统中之前，在沼气单价和沼液沼渣处

理价格一定的情况下，沼气池收益受沼气池产气量和沼液沼渣排放量的影响。借助仿真数据能更好地进行分析，其仿真数据如表 5.12 所示。

表 5.12 户用沼气池收益 $A_{11}(t)$ 仿真数据（单位：10^6元）

年份	$L_2(t)$ 前	$L_2(t)$ 后	年份	$L_2(t)$ 前	$L_2(t)$ 后
2005	246.33	246.33	2018	278.03	348.10
2006	245.85	256.00	2019	281.12	359.95
2007	245.37	259.83	2020	284.24	372.32
2008	248.16	264.41	2021	287.37	385.21
2009	250.98	269.75	2022	290.53	398.60
2010	253.86	275.78	2023	293.72	412.47
2011	256.77	282.53	2024	296.94	426.82
2012	259.74	289.97	2025	300.18	441.64
2013	262.74	298.02	2026	303.44	456.92
2014	265.76	306.71	2027	306.73	472.66
2015	268.81	316.09	2028	310.05	488.84
2016	271.87	326.12	2029	313.40	505.47
2017	274.95	336.81	2030	316.77	522.54

借助仿真数据可知，在养户技合模式运行之后，户用沼气池收益在 2010 年之后便一直呈现上升的趋势，到 2030 年时，户用沼气池收益是未运行该模式时的 1.6 倍左右，证明养户技合模式能提高户用沼气池的收益水平，从经济层面上能一定程度上刺激农户选择使用户用沼气池。

7. 原料缺口量 $A_3(t)$ 仿真结果分析

原料缺口量 $A_3(t)$ 仿真结果分析如图 5.24 所示。

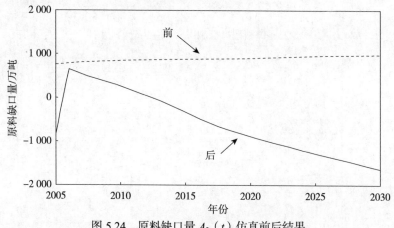

图 5.24 原料缺口量 $A_3(t)$ 仿真前后结果

在图 5.24 中，虚线（前）表示养户技合模式运行之前户用沼气池缺少的原料情况，实线（后）表示该模式运行之后，原料缺口量的变化情况。从图 5.24 中虚线可以看出，随着时间的推移和户用沼气池启用数的缓慢上升，原料缺口量也在不断上升，到 2030 年缺少 964.5 万吨左右，极大地制约了户用沼气池的使用。在养户技合模式实行之后，实线模拟了规模养殖场向户用沼气池使用农户提供沼气池发酵原料的情况，实线（后）在 2005~2006 年开始上升，随后一直下降，在 2014 年之后一直小于零，证明有规模养殖场提供原料后，户用沼气池缺少原料的问题得以解决，而且随着时间的推移，其缺少量越来越小，证明规模养殖场提供的原料量越来越多，解除了缺少原料对户用沼气池的制约作用。

8. 其他影响因子仿真结果分析

养户技合模式实行之后，除了直接对户用沼气池启用数、产气量、沼液沼渣排放量等产生影响，还会对其他影响户用沼气池利用率的因子产生间接作用，进而影响户用沼气池的利用率。具体对各影响因子的仿真结果，如图 5.25~图 5.27 所示。

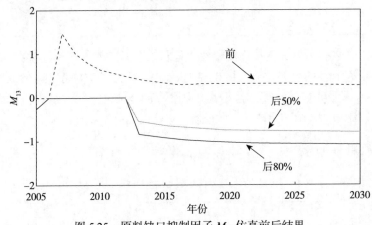

图 5.25　原料缺口抑制因子 M_{13} 仿真前后结果

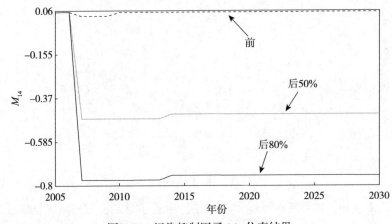

图 5.26　污染抑制因子 M_{14} 仿真结果

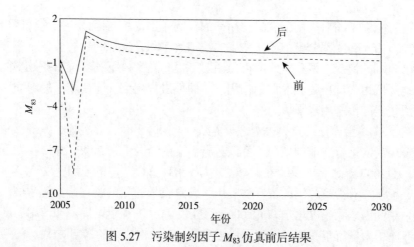

图 5.27　污染制约因子 M_{83} 仿真前后结果

　　图 5.25 表示养户技合模式运行之后对户用沼气池使用率的原料缺口抑制因子的影响。图 5.25 中虚线（前）部分表示未采用养户技合模式，原料缺口抑制因子的变化情况，在 2006 年之后原料缺口抑制因子保持为正值，对户用沼气池起抑制作用，说明此时户用沼气池缺乏原料，从而降低了户用沼气池的利用率。在养户技合模式运行之后，合作社和规模养殖场能够帮助户用沼气池使用农户解决原料不足的问题，使原料缺口量不断减少，进而原料缺口抑制因子的抑制作用也被减弱。从图 5.25 中的实线部分可以看出，原料缺口抑制因子在 2014 年之后一直为负值，说明在养户技合模式之后，原料量不足的问题得以解决，对户用沼气池利用率的抑制作用转变为促进作用，提高了沼气池利用率，促进户用沼气池启用数的增加。特别的是，实线（后 50%）模拟的是技术效率和后续服务效率均为 50% 的情况，实线（后 80%）模拟的是技术效率和后续服务效率均为 80% 的情况。在 2013 年之后，实线下降程度比虚线更大，证明提高技工的技术效率和合作社的后续服务效率，能有效地解决原料缺口抑制因子的抑制作用，进而提高户用沼气池利用率。

　　图 5.26 表示养户技合模式对户用沼气池利用率的污染抑制因子的影响。虚线部分为养户技合模式未运行之前的情况，可以看出污染抑制因子保持在接近 0.06 的水平，证明在系统中养户技合模式没有产生影响之前，沼液沼渣污染和户用沼气池未消耗的猪粪尿的污染对户用沼气池利用率起抑制作用，阻碍了户用沼气池的启用数的增长。实线部分为养户技合模式进入系统之后，由于合作社及沼气专业技工的介入，户用沼气池沼气量逐年增加，对原料的发酵程度和使用效率均提高，同时通过合作社每年集中清 2 次沼渣以及引导农户合理地将沼液沼渣用于种植粮食、蔬菜以及雷公竹等经济作物中，减少了未消耗的猪粪量和沼液沼渣的排放量，降低了污染的总排放量，控制了污染抑制因子的增长，与虚线部分对比可以看到，污染抑制因子呈先降低后保持水平的趋势，同时污染抑制因子一直保持

为负值, 减弱了其对户用沼气池使用率的抑制作用, 从而保证户用沼气池启用数的增加。两条实线部分模拟的是技工的技术效率和合作社的后续服务效率分别为 50% 和 80% 的情况。两条实线的对比说明了提高技术效率和后续服务效率能更大程度地降低污染抑制因子的抑制作用, 从而促进户用沼气池使用率的增加, 提高户用沼气池的再利用水平。

图 5.27 表示养户技合模式对规模养殖中污染制约因子的影响。虚线部分为养户技合模式未运行之前的情况, 可以看出污染制约因子在 2005~2007 年先下降后上升, 在 2007 年之后呈现缓慢下降的趋势。出现这样趋势的原因是 2007 年之前, 沼气工程还没有得到广泛的推广和利用, 导致大量的养殖场家畜粪便污染, 从而使污染制约因子大幅度增加; 在 2006 年之后, 沼气工程建设规模和使用程度的增加, 消耗了大量家畜粪便, 缓解了粪便污染的制约作用, 2020 年之后, 污染制约因子一直保持 -0.67 左右的水平。实线部分为养户技合模式进入系统之后的污染制约因子的作用情况。相较于虚线, 实线部分在 2005~2007 年也是先下降后上升, 但其幅度要远小于虚线, 在 2020 年之后, 污染抑制因子保持 -0.25 左右的水平, 大于未采用该模式之前的 -0.67, 说明污染抑制因子的抑制作用得以缓解, 证明养户技合模式加入系统中之后, 能够作用于规模养殖场污染制约因子, 降低其对养殖规模的抑制作用。随着养殖规模的扩大, 污染制约因子将不随畜禽粪便量变化而变化, 并接近为一个常量, 消除了规模养殖场受畜禽粪便造成的环境污染的制约作用, 能促进规模养殖场进一步扩大养殖规模, 提升规模养殖净利润。

5.2.3　养户技合模式实例分析

江西省在 2015 年之前大力推动农村户用沼气池的建设, 政府建立了专项资金补贴户用沼气池的建设。然而, 一半以上的户用沼气池在建成之后并没有真正的运用起来。户用沼气在农村地区目前主要被用于烧水做饭, 需要配套的气压表、输气管以及沼气灶; 同时, 户用沼气池运行过程中, 需要大量的原料, 还需要定期出渣, 要耗费一定的时间以及人力; 大多数农户在运行一段时间之后, 由于配件损坏、原料不足或者出渣困难等原因纷纷弃用。针对这些情况, 南昌大学贾仁安团队在江西省九江市德安县高塘乡率先建立了养户技合模式的户用沼气池实验点。在该实验点上, 贾仁安团队前期投资 10 万元用于推行养户技合模式的运行, 聘请了一个沼气专业技工为户用沼气池使用农户提供维修及保养服务, 同时联合附近的德邦牧业规模养殖场为缺乏原料的农户提供沼气池原料, 贾仁安团队则负责该试验点的监督和管理, 通过 1 年的实验达到该实验点户用沼气池正常启用数达 300 户目标, 进而验证养户技合模式对解决户用沼气池再利用问题的可行性及有效性，为未来该模式的推广奠定基础。

在养户技合模式实验点运行半年之后，通过实地调研，发现目前该实验点经由沼气专业技工提供服务后，正常启用户用沼气池的农户数达 153 户，沼气实际使用率为 100%，对技工服务的满意率也为 100%，养猪的农户占户用沼气池启用农户的 52.29%，由养殖场提供沼气池原料的户用沼气池为 4.58%，愿意自费购买沼气池原料的户用沼气池启用农户为 22.22%（具体调研结果见附录 E）。调研证明在养户技合模式运行之后，户用沼气池的正常启用率将大幅度提高，论证了该模式对提高户用沼气池实际利用率的可行性和有效性，与前文研究结果一致。此外，通过调研也侧面论证了提高沼气技工的服务水平、增强规模养殖企业配合积极性以及成立沼气服务合作社对提高户用沼气池启用数有积极作用，符合前文的研究结论，为制定相关政策提供决策依据。

5.2.4　SD 模型仿真及仿真分析小结

本节利用系统动力学相关理论知识，构建了养户技合模式系统动力学仿真模型并建立各变量仿真方程，对各核心变量进行模拟仿真。在仿真图表的基础上对各变量仿真结果进行分析及说明，验证了养户技合模式对解决户用沼气池利用过程中存在的问题和提高户用沼气池利用率的可行性及有效性。

仿真结果表明，在 2005~2030 年仿真时间段内，相较于养户技合模式实行之前，养户技合模式实行之后能让户用沼气池启用数量提高近 1.3 倍；通过提供后续服务和技术支持，保证沼气池正常运作，使沼气总产量增加 1.6 倍；通过沼气服务合作社的运作，能引导农户开展对户用沼气池发酵产生的沼液沼渣的处理，减少户用沼气池沼液沼渣 60% 的排放量，降低其对户用沼气池利用率的制约作用；通过开展与规模养殖场的合作，由规模养殖场提供沼气池发酵生产所需要的原料，达到同时解决户用沼气池原料不足和规模养殖场粪便污染的问题，增加沼气收益和规模养殖净利润。仿真结果还显示出养户技合模式中对原系统中的原料缺口抑制因子、污染抑制因子、污染制约因子等影响因子的作用效果，说明养户技合模式能间接影响户用沼气池利用率，论证了该管理对策对解决户用沼气池再利用问题的科学性及有效性。

此外，通过对比沼气专业技工的技术效率和沼气服务合作社的后续服务效率分别为 50% 和 80% 的情况，模拟了技术效率和后续服务效率对提高户用沼气池启用数、降低原料缺口抑制因子和污染抑制因子抑制作用的影响，证明了提高技术效率和后续服务效率能有效解决户用沼气池再利用问题，也为加大技工培训、提升技工队伍稳定性和扩大沼气服务合作社投资力度等管理对策提供依据。

参 考 文 献

[1] 房红. 发达国家农业产业化基本模式及对我国的启示[J]. 哈尔滨商业大学学报（社会科学版），2006，（5）：108-110.

[2] 王旭，张国珍. 国外农业产业化经营对我国的借鉴[J]. 理论前沿，2005，（9）：36-37.

[3] 揭新华. 中日农业产业化经营的比较与启示[J]. 杭州师范学院学报（社会科学版），2002，（6）：43-46.

[4] 宁凌. 由日美农业产业化探索我国农业产业化的发展模式[J]. 新疆农垦经济，1996，（1）：34-36.

[5] 萍乡市统计局. 2006萍乡统计年鉴[M]. 北京：中国统计出版社，2007.

[6] 葛福东. 家庭联产承包责任制的历史轨迹与未来走向[D]. 吉林大学硕士学位论文，2006.

[7] 郑桂兰. 试论家庭联产承包责任制对农业现代化生产的制约[D]. 中央民族大学硕士学位论文，2007.

[8] 段进东，周基. "虚拟所有权"与我国农地产权制度的创新[J]. 理论探讨，2004，（4）：47-49.

[9] 傅爱民，王国安. 论我国家庭农场的培育机制[J]. 农业经济，2007，（1）：14-16.

[10] 圣吉 P M. 第五项修炼——学习型组织的艺术与务实[M]. 郭进隆译. 上海：三联书店，1998.

[11] 贾仁安，丁荣华. 系统动力学——反馈动态性复杂分析[M]. 北京：高等教育出版社，2002.

[12] 贾仁安，王翠霞，涂国平，等. 规模养种生态能源工程反馈动态复杂性分析[M]. 北京：科学出版社，2007.

[13] 王岩. 养殖业固体废弃物快速堆肥化处理[M]. 北京：化学工业出版社，2004.

[14] 田晓东，强健，陆军. 厌氧发酵及工艺条件[J]. 可再生能源，2002，（5）：19-21.

[15] 卞有生. 生态农业中废弃物的处理与再生利用[M]. 北京：化学工业出版社，2005.

[16] 高增月，杨仁全. 规模化养猪场粪污综合处理的试验研究[J]. 农业工程学报，2006，22（2）：198-200.

[17] 林伟华，蔡昌达. CSTR-SBR工艺在畜禽废水处理中的应用[J]. 环境工程，2003，21（3）：13-15.

[18] 梁顺文，王伟，陈建湘，等. 复合厌氧反应器—sBR工艺处理废渣废水[J]. 中国给水排水，2003，19（5）：16-19.

[19] 邓良伟，蔡昌达，陈铭铭，等. 猪场废水厌氧消化液后处理技术研究及工程应用[J]. 农业工程学报，2002，18（3）：92-94.

[20] 王翠霞，丁雄，贾仁安. 规模养殖污染物综合利用系统的反馈仿真及对策[J]. 安徽农业科学，2008，36（10）：4356-4358.

附　　录

附录 A　户用沼气池使用情况问卷调查量表

尊敬的先生/女士:

您好! 本问卷是为了调查当前户用沼气池的使用情况及使用满意度的研究,您的意见对本研究非常重要, 请您给予协助, 如实填写, 不要遗漏。本问卷采用无记名调查方式, 资料仅供本研究使用, 所填写内容不对外公开, 谢谢您的积极配合!

第一部分: 基本信息

1. 性别: 男 (　) 　　女 (　)

2. 年龄: 18 岁以下 (　) 　　18~30 岁 (　) 　　31~50 岁 (　) 　　50 岁以上 (　)

3. 教育程度: 小学及以下 (　) 　　初中 (　) 　　高中 (　) 　　专科 (　) 本科及以上 (　)

4. 使用户用沼气池时间: 1 年以下 (　) 　　1~3 年 (　) 　　4~5 年 (　) 5 年以上 (　)

第二部分: 问卷调查

请您根据每部分的题目陈述, 在给出的答案中如实选择最符合您感觉的选项, 并在相应的数字上打钩即可。五个选项对应含义如下:

1——非常不同意; 2——较不同意; 3———般; 4——较同意; 5——非常同意

序号	问题	选项				
1	我认为当前对户用沼气池的政策奖励资金非常充足	1	2	3	4	5
2	对户用沼气池的奖励资金发放非常及时	1	2	3	4	5
3	我认为户用沼气池配件质量非常好	1	2	3	4	5
4	我能独立完成更换沼气池配件	1	2	3	4	5
5	户用沼气池发生故障后, 我认为维修起来非常简单	1	2	3	4	5
6	我认为户用沼气池最容易发生的故障是管道堵塞	1	2	3	4	5

续表

序号	问题	选项				
7	当前户用沼气池的产气量足够一般家庭使用	1	2	3	4	5
8	户用沼气池的产气量很稳定	1	2	3	4	5
9	我认为现在农村家庭的养猪数量太少	1	2	3	4	5
10	我愿意花钱购买户用沼气池发酵所需原料	1	2	3	4	5
11	如果有奖励，我愿意养殖2头以上的黑土猪	1	2	3	4	5
12	如果有养殖场愿意为我提供沼气池原料，我会很高兴接受	1	2	3	4	5
13	相较于电力，我更喜欢用沼气	1	2	3	4	5
14	相较于天然气，我认为沼气更好	1	2	3	4	5
15	我认为当前农村家庭留守人口很多	1	2	3	4	5
16	我能对户用沼气池发酵产生的沼液沼渣进行处理	1	2	3	4	5
17	如果有企业帮助我处理沼气池发酵后剩余的沼液沼渣，我会很高兴接受	1	2	3	4	5
18	我觉得沼液沼渣随意排放会导致很严重的环境污染	1	2	3	4	5
19	我非常愿意加入会员制的合作社	1	2	3	4	5
20	为户用沼气池配备专业沼气技工我认为非常有必要	1	2	3	4	5
21	当前户用沼气池专业技工人数很充足	1	2	3	4	5
22	我愿意花钱定期去参加沼气生产和沼气池维护的相关培训	1	2	3	4	5

请您对所填写的问卷选项进行核对，以防疏漏！再次感谢您的帮助与配合！

附录B　调查数据表

被调查者	Q1	Q2	Q3	Q4	Q5	Q6	Q7	Q8	Q9	Q10	Q11
被调查者1	2	2	3	3	4	2	3	5	3	3	1
被调查者2	2	2	3	2	4	2	2	5	2	4	3
被调查者3	2	2	2	2	3	2	2	5	1	2	4
被调查者4	2	2	3	2	3	2	2	5	2	3	2
被调查者5	3	3	4	2	3	2	2	4	2	3	2
被调查者6	4	3	2	2	2	2	1	4	2	2	1
被调查者7	3	3	4	2	3	1	3	3	2	2	3
被调查者8	2	3	3	1	2	2	2	5	2	5	2
被调查者9	4	3	4	1	3	4	1	4	2	4	2
被调查者10	2	2	1	2	2	2	2	5	2	1	3
被调查者11	3	3	2	2	2	2	2	3	2	2	2
被调查者12	4	4	3	3	2	3	3	5	2	3	4

被调查者	Q1	Q2	Q3	Q4	Q5	Q6	Q7	Q8	Q9	Q10	Q11
被调查者 13	3	3	3	2	3	2	3	3	2	3	2
被调查者 14	3	2	2	1	3	2	1	5	3	2	2
被调查者 15	2	3	2	2	4	2	2	5	2	3	2
被调查者 16	2	2	2	4	3	2	3	4	2	2	3
被调查者 17	2	3	1	2	3	2	2	5	2	5	3
被调查者 18	3	2	2	2	3	2	1	5	4	1	2
被调查者 19	2	4	4	2	3	2	2	4	2	3	2
被调查者 20	3	2	2	2	3	2	3	5	3	3	4
被调查者 21	2	4	1	2	2	2	2	4	2	3	2
被调查者 22	3	2	2	3	3	2	1	2	2	2	2
被调查者 23	3	3	4	2	4	3	2	5	3	2	2
被调查者 24	3	2	3	1	2	1	2	5	2	3	2
被调查者 25	3	3	2	2	3	1	3	4	3	2	1
被调查者 26	2	3	2	1	4	1	2	5	2	3	3
被调查者 27	2	3	3	1	3	2	2	5	2	2	2
被调查者 28	3	4	2	3	4	2	1	3	2	3	2
被调查者 29	2	2	2	4	1	1	2	5	2	3	2
被调查者 30	3	2	2	2	3	1	2	4	2	2	3
被调查者 31	4	3	2	2	4	2	3	5	3	2	2
被调查者 32	3	2	2	2	3	3	2	4	4	4	4
被调查者 33	2	3	2	2	3	1	2	5	2	3	2
被调查者 34	2	4	2	2	3	1	2	5	2	3	3
被调查者 35	3	2	2	2	3	3	2	2	2	4	2
被调查者 36	2	2	4	2	3	1	1	4	2	3	2
被调查者 37	2	4	3	2	2	4	3	2	3	2	1
被调查者 38	2	4	2	2	4	1	1	2	2	3	3
被调查者 39	2	3	2	2	3	2	2	5	3	2	2
被调查者 40	2	3	4	2	4	2	2	4	2	2	2
被调查者 41	1	4	4	2	3	2	1	2	2	3	3
被调查者 42	2	3	2	2	3	2	2	5	2	4	2
被调查者 43	2	3	2	2	2	2	1	5	3	2	2

被调查者	Q12	Q13	Q14	Q15	Q16	Q17	Q18	Q19	Q20	Q21	Q22
被调查者 1	3	4	4	3	5	3	2	5	2	3	3
被调查者 2	3	3	5	2	5	2	2	4	3	4	3
被调查者 3	2	3	3	1	5	1	4	5	2	2	2

续表

被调查者	Q12	Q13	Q14	Q15	Q16	Q17	Q18	Q19	Q20	Q21	Q22
被调查者 4	4	2	3	3	5	2	3	5	2	4	4
被调查者 5	2	4	3	2	4	3	3	2	2	3	2
被调查者 6	2	2	2	2	4	2	4	3	2	3	2
被调查者 7	1	3	2	2	3	1	3	4	1	2	1
被调查者 8	4	1	1	2	5	2	2	2	2	5	4
被调查者 9	3	4	4	2	4	2	3	3	3	4	3
被调查者 10	2	3	4	2	5	3	4	4	4	4	2
被调查者 11	3	2	3	3	3	3	3	3	3	3	3
被调查者 12	4	3	4	2	5	5	5	5	5	5	4
被调查者 13	1	1	2	2	3	5	5	5	5	5	1
被调查者 14	1	1	4	3	5	1	1	1	1	1	1
被调查者 15	1	3	3	2	5	2	2	2	2	2	1
被调查者 16	3	5	3	2	4	4	4	4	4	4	3
被调查者 17	2	1	2	2	5	2	2	2	2	2	2
被调查者 18	2	3	5	4	5	1	1	1	1	1	2
被调查者 19	1	4	4	2	4	3	3	3	3	3	1
被调查者 20	3	3	4	3	5	5	5	5	5	5	5
被调查者 21	1	3	3	2	4	2	2	2	2	2	2
被调查者 22	4	2	4	2	2	3	3	3	3	3	3
被调查者 23	3	3	3	3	5	3	3	3	3	3	3
被调查者 24	3	2	3	2	5	2	2	2	2	2	2
被调查者 25	3	2	3	3	4	1	1	1	1	1	4
被调查者 26	4	3	4	2	5	2	2	2	2	2	2
被调查者 27	3	4	3	2	5	1	1	2	1	1	1
被调查者 28	2	3	3	2	3	3	3	3	3	3	3
被调查者 29	1	4	4	2	5	4	4	3	4	4	5
被调查者 30	4	2	3	2	4	1	1	1	1	1	2
被调查者 31	2	1	4	3	5	5	2	2	2	2	3
被调查者 32	2	4	2	4	4	4	4	3	3	3	3
被调查者 33	3	1	1	2	5	5	3	2	3	2	1
被调查者 34	3	3	3	2	5	4	3	1	5	4	3
被调查者 35	1	3	3	2	2	5	4	2	2	5	2
被调查者 36	2	1	1	2	4	1	3	3	3	1	2
被调查者 37	3	4	3	2	3	2	2	2	3	3	1
被调查者 38	1	3	1	2	2	1	3	1	1	4	4

续表

被调查者	Q12	Q13	Q14	Q15	Q16	Q17	Q18	Q19	Q20	Q21	Q22
被调查者 39	3	2	4	3	5	3	3	3	3	2	3
被调查者 40	2	4	3	2	4	2	2	2	2	1	2
被调查者 41	3	1	2	2	2	2	5	2	2	3	2
被调查者 42	2	1	1	2	5	1	4	1	2	1	1
被调查者 43	1	3	3	3	5	4	2	2	4	3	2

附录 C　变量描述性统计分析结果

统计量	N	平均值		标准差	偏斜度		峰度	
	统计资料	统计资料	标准误差	统计资料	统计资料	标准误差	统计资料	标准误差
VAR00001	43	2.51	0.107	0.703	0.604	0.361	−0.155	0.709
VAR00002	43	2.81	0.112	0.732	0.308	0.361	−1.040	0.709
VAR00003	43	2.51	0.135	0.883	0.507	0.361	−0.650	0.709
VAR00004	43	2.02	0.103	0.672	0.960	0.361	2.404	0.709
VAR00005	43	2.98	0.108	0.707	−0.392	0.361	0.343	0.709
VAR00006	43	1.95	0.110	0.722	0.866	0.361	1.634	0.709
VAR00007	43	1.98	0.103	0.672	0.027	0.361	−0.675	0.709
VAR00008	43	4.21	0.158	1.036	−1.115	0.361	0.027	0.709
VAR00009	43	2.33	0.092	0.606	1.057	0.361	1.124	0.709
VAR00010	43	2.77	0.137	0.895	0.488	0.361	0.448	0.709
VAR00011	43	2.35	0.119	0.783	0.530	0.361	0.079	0.709
VAR00012	43	2.40	0.153	1.003	0.005	0.361	−1.059	0.709
VAR00013	43	2.65	0.169	1.110	−0.128	0.361	−0.898	0.709
VAR00014	43	3.02	0.161	1.058	−0.428	0.361	−0.312	0.709
VAR00015	43	2.33	0.092	0.606	1.057	0.361	1.124	0.709
VAR00016	42	4.26	0.153	0.989	−1.198	0.365	0.357	0.717
VAR00017	43	2.63	0.205	1.346	0.483	0.361	−0.880	0.709
VAR00018	42	2.88	0.178	1.152	0.142	0.365	−0.628	0.717
VAR00019	43	2.70	0.193	1.264	0.532	0.361	−0.621	0.709
VAR00020	43	2.58	0.177	1.159	0.610	0.361	−0.202	0.709
VAR00021	43	2.81	0.195	1.277	0.150	0.361	−0.945	0.709
VAR00022	43	2.44	0.167	1.098	0.495	0.361	−0.280	0.709
有效的 N（listwise）	43							

附录 D　基本事件频率

一级指标	二级指标	频率		观察值
		N	百分比/%	百分比/%
奖励资金 [1]	较充足	1	2.1	2.9
	一般	20	42.6	58.8
	较不足	23	48.9	67.6
	不足	3	6.4	8.8
配件质量 [1]	较好	2	4.7	4.7
	一般	20	46.5	46.5
	较差	16	37.2	37.2
	差	5	11.6	11.6
维修难易 [1]	较容易	7	16.3	16.3
	一般	10	23.3	23.3
	较难	17	39.5	39.5
	非常难	9	20.9	20.9
管道堵塞 [1]	较不容易	2	4.7	4.7
	一般	4	9.3	9.3
	较容易	25	58.1	58.1
	容易	12	27.9	27.9
产气量 [1]	较充足	9	20.9	20.9
	一般	25	58.1	58.1
	较不足	8	18.6	18.6
	不足	1	2.3	2.3
散养规模 [1]	较大	2	4.7	4.7
	一般	4	9.3	9.3
	较小	30	69.8	69.8
	小	7	16.3	16.3
养殖场合作程度 [1]	一般	9	20.9	20.9
	较低	24	55.8	55.8
	低	10	23.3	23.3
替代能源竞争力 [1]	非常强	11	25.6	25.6
	较强	24	55.8	55.8
	一般	5	11.6	11.6
	较弱	3	7.0	7.0

一级指标	二级指标	频率		观察值
		N	百分比/%	百分比/%
农村劳动力[1]	较充足	2	4.7	4.7
	一般	11	25.6	25.6
	较不足	29	67.4	67.4
	不足	1	2.3	2.3
沼液沼渣利用率[1]	非常充足	2	4.7	4.7
	较充足	5	11.6	11.6
	一般	19	44.2	44.2
	较不足	15	34.9	34.9
	不足	2	4.7	4.7
受教育程度[1]	较高	4	9.3	9.5
	一般	11	25.6	26.2
	较低	24	55.8	57.1
	低	4	9.3	9.5
环保意识[1]	较高	6	14.0	14.0
	一般	15	34.9	34.9
	较低	12	27.9	27.9
	低	10	23.3	23.3
户用沼气池使用意愿[1]	高	1	2.3	2.3
	较高	9	20.9	20.9
	一般	16	37.2	37.2
	较低	8	18.6	18.6
	低	9	20.9	20.9
养殖意愿[1]	高	2	4.7	4.7
	较高	13	30.2	30.2
	一般	17	39.5	39.5
	较低	6	14.0	14.0
	低	5	11.6	11.6
加入合作社意愿[1]	高	9	20.9	20.9
	较高	15	34.9	34.9
	一般	10	23.3	23.3
	较低	7	16.3	16.3
	低	2	4.7	4.7
专业技工数量[1]	较充足	2	4.7	4.7
	一般	8	18.6	18.6
	较不足	28	65.1	65.1
	不足	5	11.6	11.6

1）表示在值 1 处表格化的二分法群组

附录 E　养户技合模式实验点调研结果

地点	序号	是否正常启用沼气池	是否满意沼气技工服务	是否养猪	是否有养殖(猪)场提供原料	是否愿意自费购买原料
丰林镇芦塘代家	1	√	√	√		√
	2	√	√			
	3	√	√	√		
林泉乡大溪畈四组	4	√	√	√		
	5	√	√	√		√
	6	√	√	√		
	7	√	√	√		
	8	√	√	√		
聂乔镇梓坊村 8 组	9	√	√			
	10	√	√	√		√
聂乔镇梓坊村 5 组	11	√	√	√		√
	12	√	√	√		
	13	√	√	√		
芦溪滩 1 组	14	√	√			
聂乔镇梓坊村 10 组	15	√	√	√		
	16	√	√	√		√
	17	√	√	√		
	18	√	√			
	19	√	√	√		
聂乔镇梓坊村 1 组	20	√	√			√
	21	√	√			
	22	√	√			
	23	√	√			
	24	√	√	√		
	25	√	√	√		√
	26	√	√	√		
磨溪乡宝泉村 13 组	27	√	√			√
	28	√	√			
聂桥大屋周家	29	√	√	√		
宝山 6 组	30	√	√			

续表

地点	序号	是否正常启用沼气池	是否满意沼气技工服务	是否养猪	是否有养殖(猪)场提供原料	是否愿意自费购买原料
宝山 8 组	31	√	√	√		
	32	√	√			√
	33	√	√			
	34	√	√	√		
宝山 9 组	35	√	√			
宝山 10 组	36	√	√	√		
柳田 9 组	37	√	√			
	38	√	√			√
	39	√	√	√		√
	40	√	√			√
	41	√	√			
	42	√	√			
	43	√	√	√		
柳田 6 组	44	√	√			
	45	√	√	√		√
吴山镇张塘村 3 组石鼓贩	46	√	√			
	47	√	√			
樟树村赵家 7 组	48	√	√	√		√
	49	√	√	√		
	50	√	√			
聂乔镇梓坊村 8 组	51	√	√			√
聂乔镇柳田村 11 组涂家	52	√	√			
	53	√	√	√		
	54	√	√			
	55	√	√	√		
	56	√	√	√		
柳田村 5 组	57	√	√			
柳田村 12 组	58	√	√	√		
柳田村 7 组	59	√	√			√
	60	√	√	√		
柳田村 1 组	61	√	√			
	62	√	√			

续表

地点	序号	是否正常启用沼气池	是否满意沼气技工服务	是否养猪	是否有养殖(猪)场提供原料	是否愿意自费购买原料
柳田村9组	63	√	√	√		√
聂乔镇聂桥村2组(朱家)	64	√	√			
	65	√	√	√		
	66	√	√			√
	67	√	√	√		
宝山村8组	68	√	√	√		
聂乔镇聂桥村10组(聂家)	69	√	√			
	70	√	√	√		
	71	√	√			√
吴山镇张唐村8组	72	√	√			√
	73	√	√	√		
	74	√	√	√		
	75	√	√			√
	76	√	√	√		
	77	√	√			
	78	√	√			
	79	√	√			√
	80	√	√			
吴山镇张唐村9组	81	√	√	√		
樟树村1组	82	√	√			
樟树村6组	83	√	√	√		
樟树村14组	84	√	√	√		
	85	√	√			√
邬家村	86	√	√	√		
	87	√	√		√	
	88	√	√			√
	89	√	√		√	
	90	√	√		√	
	91	√	√		√	
	92	√	√		√	
	93	√	√		√	
	94	√	√	√	√	
	95	√	√	√		

续表

地点	序号	是否正常启用沼气池	是否满意沼气技工服务	是否养猪	是否有养殖(猪)场提供原料	是否愿意自费购买原料
古塘孙家	96	√	√	√		
	97	√	√			
	98	√	√			√
	99	√	√	√		
	100	√	√			
	101	√	√	√		
	102	√	√			√
	103	√	√	√		
	104	√	√			
	105	√	√	√		
高塘长垅村12组	106	√	√	√		
长垅村1组	107	√	√			
长垅村2组	108	√	√	√		√
长垅村16组	109	√	√			
	110	√	√	√		
燕窝王村	111	√	√			
	112	√	√			
	113	√	√	√		
	114	√	√			
	115	√	√			
	116	√	√			√
	117	√	√		√	
	118	√	√			
	119	√	√			
磨溪乡新田10组	120	√	√	√		√
	121	√	√	√		
	122	√	√	√		√
	123	√	√			
	124	√	√	√		
	125	√	√			
	126	√	√			
	127	√	√	√		
	128	√	√	√		√
	129	√	√	√		
山棚2组	130	√	√	养羊		

续表

地点	序号	是否正常启用沼气池	是否满意沼气技工服务	是否养猪	是否有养殖（猪）场提供原料	是否愿意自费购买原料
董家2组	131	√	√	√		
	132	√	√	√		
梓坊9组	133	√	√			
梓坊8组	134	√	√	√		√
	135	√	√	√		
	136	√	√	√		
	137	√	√			
柳田9组	138	√	√	√		
	139	√	√	√		
柳田3组	140	√	√	√		
柳田11组	141	√	√	√		√
柳田7组	142	√	√	√		
	143	√	√	√		
宝山8组	144	√	√	√		
宝山3组	145	√	√			
高塘罗桥13组	146	√	√			√
	147	√	√			
张塘7组	148	√	√			
	149	√	√	√		
张塘3组	150	√	√			√
张塘8组	151	√	√	√		
山湾9组	152	√	√			
乡政府周边吴山	153	√	√	√		
总计（百分比）/%		100	100	52.29	4.58	22.22